浙江省实验教学示范中心建设成果

计算机与软件工程实验指导丛书

计算机应用技术(Office 2010)
实验指导

许 芸 主编 王 勋 主审

U0396779

浙江工商大学出版社
ZHEJIANG GONGSHANG UNIVERSITY PRESS

图书在版编目(CIP)数据

计算机应用技术(Office 2010)实验指导 / 许芸主编. —杭州：浙江工商大学出版社，2014.9(2022.7重印)
ISBN 978-7-5178-0615-8

Ⅰ. ①计… Ⅱ. ①许… Ⅲ. ①办公自动化－应用软件－高等学校－教学参考资料Ⅳ. ①TP317.1

中国版本图书馆 CIP 数据核字(2014)第 190614 号

计算机应用技术(Office 2010)实验指导
许　芸 主编

责任编辑	王黎明	
封面设计	王妤驰	
责任校对	吴岳婷	
责任印制	包建辉	
出版发行	浙江工商大学出版社	
	(杭州市教工路 198 号　邮政编码 310012)	
	(E-mail:zjgsupress@163.com)	
	(网址:http://www.zjgsupress.com)	
	电话:0571-88904980,88831806(传真)	
排　　版	杭州朝曦图文设计有限公司	
印　　刷	浙江全能工艺美术印刷有限公司	
开　　本	787mm×960mm　1/16	
印　　张	17.5	
字　　数	343 千	
版 印 次	2014 年 9 月第 1 版　2022 年 7 月第 13 次印刷	
书　　号	ISBN 978-7-5178-0615-8	
定　　价	38.00 元	

"计算机与软件工程实验指导丛书"编委会

主　任：凌　云（浙江工商大学）

委　员：赵建民（浙江师范大学）

　　　　陈庆章（浙江工业大学）

　　　　万　健（杭州电子科技大学）

　　　　汪亚明（浙江理工大学）

　　　　詹国华（杭州师范大学）

　　　　魏贵义（浙江工商大学）

总　　序

以计算机技术为核心的信息产业极大地促进了当代社会和经济的发展,培养具有扎实的计算机理论知识、丰富的实践能力和创新意识的应用型人才,形成一支有相当规模和质量的专业技术人员队伍来满足各行各业的信息化人才需求,已成为当前计算机教学的当务之急。

计算机学科发展迅速,新理论、新技术不断涌现,而计算机专业的传统教材,特别是实验教材仍然使用一些相对落后的实验案例和实验内容,无法适应当代计算机人才培养的需要,教材的更新和建设迫在眉睫。目前,一些高校在计算机专业的实践教学和教材改革等方面做了大量工作,许多教师在实践教学和科研等方面积累了许多宝贵经验。将他们的教学经验和科研成果转化为教材,介绍给国内同仁,对于深化计算机专业的实践教学改革有着十分重要的意义。

为此,浙江工商大学出版社、浙江工商大学计算机技术与工程实验教学中心及软件工程实验教学中心邀请长期工作在教学、科研第一线的专家教授,根据多年人才培养及实践教学的经验,针对国内外企业对计算机人才的知识和能力需求,组织编写了"计算机与软件工程实验指导丛书"。该丛书包括《操作系统实验指导》《嵌入式系统实验指导》《数据库系统原理学习指导》《Java 程序设计实验指导》《接口与通信实验指导》《My SQL 实验指导》《软件项目管理实验指导》《软件工程开源实验指导》《计算机网络基础实验》《数字逻辑及计算机组成原理实践教程》《计算机应用技术(Office 2010)实验指导》等书,涵盖了计算机及软件工程等专业的核心课程。

丛书的作者长期工作在教学、科研的第一线,具有丰富的教学经验和较高的学术水平。教材内容凸显当代计算机科学技术的发展,强调掌握相关学科所需的基本技能、方法和技术,培养学生解决实际问题的能力。实验案例选材广泛,来自学生课题、教师科研项目、企业案例以及开源项目,强调实验教学与科研、应用开发、产业前沿紧密结合,体现实用性和前瞻性,有利于激发学生的学习兴趣。

我们希望本丛书的出版,对国内计算机专业实践教学改革和信息技术人才的培养起到积极的推动作用。

“计算机与软件工程实验指导丛书”编委会
2014 年 6 月

前　言

　　"计算机应用技术基础"是我国高等学校非计算机专业学生的一门公共基础课,是高等学校非计算机专业学生进行计算机基础教育的第一层次的课程。该课程的内容实践性很强,要求学生对基础软件有很好的运用能力,我们编写本教材就是从实践能力培养出发,让学生通过我们的引导和实验的安排,循序渐进地掌握相关软件的运用。

　　计算机技术的飞速发展和计算机的逐步普及,促进了计算机教育的发展和提高。为了适应这种新形势,计算机教材的内容需要不断更新,我们将现在应用最普遍、最广泛的软件作为本书的背景软件,其中,微机操作系统平台为 Windows 7,办公自动化软件为 Office 2010。选择以上两者的主要出发点是,作为大学教材的辅助实验教材,所选用的背景软件应是既成熟又比较新的软件,这样学生学后马上就可以运用到实际中。

　　全书共分 5 章,内容如下:

　　第 1 章为 Windows 7 系统操作实验,介绍 Windows 7 这个目前个人计算机的主流操作系统。Windows 7 系统操作主要分为文件管理、程序管理和计算机管理 3 部分。主要内容包括:"我的电脑"以及资源管理器的使用,文件和文件夹的新建、更名、复制、移动和删除等,文件搜索,回收站操作,文件和文件夹属性,文件与程序建立关联,定制个性化的工作环境,自行设置与改变桌面、任务栏、"开始"菜单等工具的默认状态,对 Windows 7 系统进行软件和硬件的管理,掌握系统的用户管理,了解快速进行用户切换及电源管理的方法,初步了解磁盘清理及磁盘碎片整理等磁盘管理工具的用法。

　　第 2 章为文字处理软件 Word 的使用,主要帮助学生掌握如何使用文字处理软件进行编辑、排版等内容。本次修订强调了实用性的训练,并增加了高级应用部分。

　　第 3 章为电子表格软件 Excel 的使用,主要帮助学生掌握数据处理、公式运用等内容。本次修订强调了实用性的训练,并增加了综合实训的内容。

第 4 章为文稿演示软件 PowerPoint 的使用,主要帮助学生掌握幻灯片的编辑、演示效果的排版等内容。

第 5 章为 Access 数据库的使用,主要帮助学生学会数据库操作的基本要素,能够设计一般的数据库和数据管理。本次修订增加了综合实训的内容。

我们的每个实验都有详细的步骤,引导学生操作,并且配了大量的图片,非常适合学生自主学习。本书与同类书相比主要的不同之处在于,本书内容包括计算机技术和网络技术、常用办公软件,而很多书只介绍了其中的一项;实验设置包括基础内容的和高级实用的内容,大部分同类书则是不完整的。本书的主要特点是:适用范围广;通俗易懂,语言平实,讲解详细;实用性强。这些特点在我们所设置的实验中也得到了完整的体现——即有详细的操作步骤和实用性很强的综合实验设置,相信通过认真学习,学生能很好地掌握计算机技术、网络技术和信息处理技术。

本次编写主要由许芸提出编写思路,张爱军也对编写思路提出了很好的建议;许芸完成第 1 章、张爱军完成第 2 章、陈志贤完成第 3 章、罗文嫒完成第 4 章、韩培友完成第 5 章,最后由许芸统稿。在本书的编写过程中,得到琚春华院长、王勋书记、魏贵义和傅培华副院长的大力支持,编者在此一并表示感谢。

本书的编写指导思想是尽量吸取最新和最成熟的计算机技术,努力反映当前计算机基础教育的教学实践要求,力图通俗易懂、适合教学、方便自学,尽量体现知识的科学性、先进性。本书虽经认真讨论,反复修改,但限于编者水平,错误仍在所难免,衷心希望广大任课教师、学生和读者指正,使本书在使用中得以不断补正和完善。

编者

2014 年 5 月

于浙江工商大学

目　　录

1

第 1 章　Windows 7 系统操作实验

本章知识点

Windows 7 是微软继 Windows XP 和 Windows Vista 之后的新一代操作系统，是微软操作系统变革的标志。Windows 7 相比 Windows XP 和 Windows Vista 在以下方面有了革命性的变化：在设计时更加注重可用性和响应性，减少了后台活动并支持触发启动系统服务，快捷的响应速度，安全、可靠，延长了电池使用时间，应用程序、设备的兼容性更强。具体体现在：

1. 运行 Windows 7 的计算机启动速度更快、更加稳定。

2. Internet Explorer 8 的启动更加快捷，能立即创建新的选项，加载页面的速度更快。

3. Windows 7 从待机状态恢复到可用状态只需很短的时间。

4. Windows 7 被认为是目前最可靠的 Windows 版本，用户将遇到更少的使用中断，并且能在问题发生时迅速恢复。

5. Windows 7 系统加入了容错堆功能，使用 Process Reflection，Windows 7 可以捕获系统中失败进程的内存内容。

6. Windows 7 提高了打印功能的可靠性和稳定性。

7. Windows 7 延长了移动 PC 的电池使用时间。

8. Windows 7 可以提供应用程序方面更高的兼容性。

9. Windows 7 在设备的兼容性方面做出了巨大的改进，极大地扩展了能与 Windows 7 兼容的设备和外围设备列表。

通过本章的学习与实验，应该掌握以下知识点：

1. 文件管理。包括："我的电脑"以及资源管理器的使用，文件和文件夹的新建、更名、复制、移动和删除等，文件搜索，回收站操作，文件和文件夹属性设置，文件与程序建立关联。

2.定制个性化的工作环境。包括：设置与改变桌面；设置任务栏、"开始"菜单等工具的默认状态；设计自己喜爱的工作环境，如整理桌面、任务栏、"开始"菜单，改变屏幕设置等。

3.管理与控制 Windows 7 系统。包括：对 Windows 7 系统进行软件和硬件的管理，掌握系统的用户管理，了解快速进行用户切换及电源管理的方法，初步了解磁盘清理及磁盘碎片整理等磁盘管理工具的用法。

本章共安排了 6 个实验，来帮助读者熟练掌握学过的知识，强化动手能力。

实验 1　Windows 7 的使用

实验目的

本实验的目的是让读者认识 Windows 7 的桌面界面(及基本操作平台)，了解其特点；熟练掌握鼠标、键盘及窗口的操作方法；知道如何获取帮助信息。

任务描述

1.打开计算机，了解 Windows 7 界面。

2.对语言栏进行设置。

3.了解任务栏的新特性。

操作步骤

实验 1-1　打开计算机，了解 Windows 7 界面

计算机硬件设备连接正常的情况下，打开 Windows 7 操作系统，并用自己的账户登录 Windows 7 系统。操作包括：(1)进入 Windows 7；(2)修改桌面背景。

步骤 1　开机，进入登录界面，如图 1-1 所示。

步骤 2　单击用户名，输入密码后，进入如图 1-2 所示的 Windows 7 桌面。

图 1-1　Windows 7 登录界面

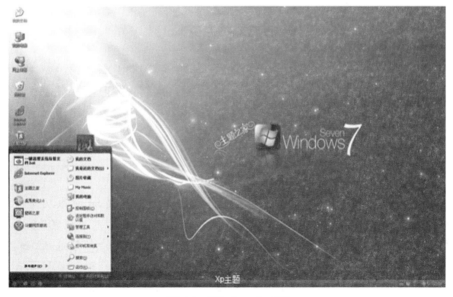

图 1-2　Windows 7 桌面

注意：

(1)图标：双击可以启动程序、打开窗口、打开文件等；

(2)"开始"菜单：单击该菜单，可以启动程序、获取帮助及退出 Windows 7 系统；

(3)快速启动栏：单击其中程序图标可以快速启动程序；

(4)任务栏：显示已打开的程序名称，单击任务栏上的程序可在不同程序间切换；

(5)语言栏：选择并设置输入法；

(6)通知栏：显示系统时钟、紧急通知的图标(不常用的图标将自动隐藏)。

步骤 3 在电脑桌面上点击右键，选择"个性化"，如图 1-3 所示。

图 1-3 个性化设置窗口

步骤 4 系统自带有几个 areo 主题，areo 主题有玻璃效果，也可以从网上下载主题。点击桌面背景可以设置桌面背景图片的切换时间等。"图片位置"是选择图片在桌面的显示效果，有"填充"、"适应"、"拉伸"、"平铺"、"居中"等选项，如图 1-4 所示。

步骤 5 如果用户不喜欢 areo 效果(玻璃特效)，或者想加快系统运行速度，可以关闭特效。点击"个性化"设置窗口中的"窗口颜色"，把"启用透明效果"的复选

图 1-4　系统自带主题设置

框去掉。"窗口颜色"也可以根据自己的喜好设置,如图 1-5 所示。最后记得点击 "保存修改"。

图 1-5　窗口颜色修改

实验 1-2 设置语言栏

Windows 7 可以通过安装不同的语言包,让你的 Windows 7 变成不同语言的版本。以下是更改 Windows 7 显示语言的方法。

步骤 1 打开控制面板,选择"时钟、语言和区域"选项(注意控制面板右上方的查看方式为〈类别〉),如图 1-6 所示。

步骤 2 选择"更改显示语言",如图 1-7 所示。

图 1-6 语言选项   图 1-7 更改显示语言

步骤 3 在"区域和语言"窗口中,找到"选择显示语言"(如果当前只有默认系统语言,需要先安装语言包),如图 1-8 所示。

步骤 4 在下拉框中选择需要修改的语言,按系统提示注销后重新登录,更改显示语言即可完成,如图 1-9 所示。

图 1-8 区域语言   图 1-9 更改完成

实验 1-3   了解任务栏的新特性

从 XP 到 Vista 时代，Windows 的任务栏改动并不多，只是在外观上作了美化，但到了 Windows 7 时代，任务栏的变化是显而易见的，给人最直观的感受就是底部的任务栏变高了，显示桌面的图标从传统的左面人性化地移动到了最右端。除了这些，Windows 7 的任务栏在继承原有系统任务栏功能和操作的基础上也有一些变化，被很多人称为 SuperBar。下面介绍 Windows 7 任务栏的创意变化和应用技巧。

步骤 1   使用 Aero Peek 预览桌面。将鼠标放在任务栏上的空白处，点击右键再点击属性可以弹出如图 1-10 所示的窗口。

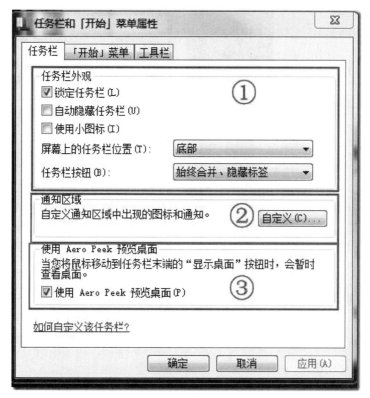

图 1-10   任务栏属性

其中的一些具体功能就不介绍了，如锁定任务栏、自动隐藏任务栏，看名称就能大致明白，而其他的诸如通知区域等，在 XP 和 Vista 下也都存在。

步骤 2   当鼠标移动到"显示桌面"上后，所有打开的窗口都将变得透明，只剩一个框架，这样我们就能方便地看到桌面上有什么；当移开鼠标后，一切又会恢复正常;点击下去,就会彻底显示桌面。如果将 Aero Peek 功能关闭,只需使用快捷键"Win+空格"即可实现快速预览。

任务栏的最右边是 Windows 7 的"显示桌面"功能所在。这一功能也可以通过快捷键"Win+D"来实现。

步骤 3 将程序锁定在任务栏。找到所需的程序,点击鼠标右键,即可看到"锁定到任务栏"选项,点击鼠标左键就可以了,具体如图 1-11 所示。

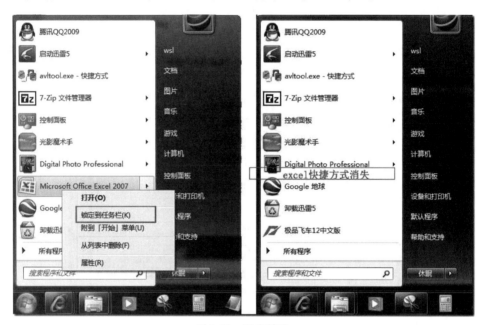

图 1-11 程序锁定

  注意:Windows 7 任务栏应用的小技巧。

(1)用"Alt+Tab"组合键可以选择已经打开的程序(平面效果)。

(2)用"Win+Tab"组合键可以选中已经打开的程序(绚丽的立体效果)。

(3)用"Win+数字键"组合键可以打开任务栏锁定程序。

(4)当一个程序打开了多个窗口,可以通过缩略图切换其他窗口,也可以用"Ctrl+鼠标左键"单击任务栏图标进行轮流选择。

(5)已经打开程序,要在任务栏再打开一个,只需用"Shift+鼠标左键"或者中间的滚轮,就可以重新打开一个了。

实验 2　Windows 7 的基本操作

实验目的

学会使用 Windows 7 提供的"帮助和支持",掌握鼠标的使用方法,掌握窗口和菜单的操作方法,了解桌面和任务栏的有关操作。

任务描述

1. 了解窗口的操作。

2. 练习切换桌面,进行桌面属性的修改。

3. 掌握快捷方式的创建方法。

操作步骤

实验 2-1　窗口操作和鼠标练习

步骤 1　将鼠标指针指向桌面上的回收站图标,双击,打开其窗口,单击"最大化"按钮,观察窗口大小的变化,再单击"还原"按钮。[①]

步骤 2　将鼠标指针指向窗口上(下)边框,当鼠标指针变为"↕"时,适当拖动鼠标,改变窗口大小;将鼠标指针指向窗口左(右)边框,当鼠标指针变为"↔"时,适当拖动鼠标,改变窗口大小;将鼠标指向窗口的任一角,当鼠标指针变为双向箭头时,拖动鼠标,适当调整窗口在对角线方向的大小。

步骤 3　将鼠标指针指向窗口标题栏,拖动"标题栏",移动整个窗口的位置,使该窗口位于屏幕中心。

步骤 4　单击"关闭"按钮,关闭窗口。

步骤 5　桌面若有其他文件夹,可以利用其反复练习上面的操作。

实验 2-2　桌面属性修改

步骤 1　进入"控制面板",如图 1-12 所示。

---

① 双击、单击均指点击鼠标左键,右击指单击鼠标右键,下同。

图 1-12　控制面板主页

步骤 2　选择"外观和个性化",如图 1-13 所示。

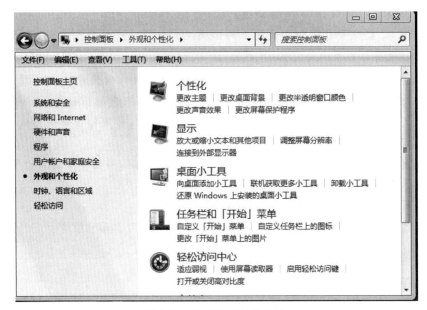

图 1-13　外观和个性化设置

在这个界面可以进行个性化主题的设置、桌面显示设置以及任务栏等有关设置。

步骤 3　打开"时钟、语言和区域",如图 1-14 所示。

图 1-14　时钟、语言和区域设置

在这个界面可以进行时间、语言和区域的相关设置。

步骤 4　回到个性化设置界面,选择"更改桌面图标",如图 1-15 所示。在这个界面上可以进行桌面图标的设置。

图 1-15　桌面图标设置

步骤 5　回到个性化设置界面,选择"更改鼠标指针",如图 1-16 所示。在这个界面可以进行鼠标显示的设置。

图 1-16　鼠标设置

步骤 6　回到个性化设置界面,选择"更改账户图片",如图 1-17 所示。在这个界面可以进行账户图片的更换设置。

图 1-17　更改账户图片

实验 3　文件与文件夹操作

实验目的

文件与文件夹操作是 Windows 7 资源管理中最核心、最重要的部分,需要下大力气来熟悉和掌握。文件和文件夹的操作工具主要有"计算机"和资源管理器两种。通过本实验,要求:

1.熟练进行文件和文件夹的基本操作,包括创建、浏览、选择、更名、删除、搜索、复制、移动、属性设置等。

2.了解 Windows 7 的新功能:文件与应用程序的关联。

3.建立一个实用的多媒体素材库,供后续的实验使用。

实验 3-1　文件与文件夹的基本操作

Windows 7 可以很容易地将文件存储在最有意义的位置,如将文本、图像和音乐文件分别存放在"我的文档"、"图片收藏"和"我的音乐"文件夹中。这些文件夹可以很容易地在开始菜单的右边找到,而且这些文件夹提供了一些经常执行的任务的便利链接。

任务描述

1.建立自己的文件夹结构。多媒体种类很多,为了分门别类地搜集存放,建立如图 1-18 所示的"多媒体素材"文件夹。

2.在资源管理器中创建一个以".txt"为扩展名的纯文本文件。通常,我们都是在应用软件中创建新文件,比如在 Word 中创建以".doc"为扩展名的文档,在"画图"中创建以".bmp"为扩展名的图形文件,等等。但在资源管理器中也可以直接创建新文件。

3.进行文件和文件夹的更名与删除。

4.进行文件和文件夹的移动与复制。

5.进行文件和文件夹的浏览与选择。

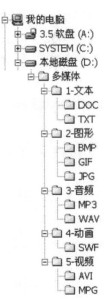

图 1-18　多媒体素材

13

操作步骤

步骤 1 创建"多媒体素材"文件夹。

1.单击"计算机",见图 1-19,利用"智能式"菜单栏进行操作。

2.选择 D 盘,点击窗口右上部"新建文件夹"或在右边空白处单击鼠标右键,选择"创建一个文件夹",见图 1-20。

图 1-19　计算机　　　　　　　　　图 1-20　创建文件夹

3.在"新建文件夹"的方框中键入"多媒体素材",并按回车键。注意,如果"新建文件夹"方框已不在输入状态,名称不能键入,可以右键单击方框,在弹出的快捷菜单中选"重命名",再键入文件夹名。

4.进入刚建立的文件夹"多媒体素材",用前面的步骤逐个建立子文件夹"1-文本"、"2-图形"、"3-音频"、"4-动画"和"5-视频"。

5.在子文件夹"1-文本"中进一步建立下一层的子文件夹"TXT"和"DOC",见图 1-21。同样,在其他子文件夹中也建立各自的下一层子文件夹。

图 1-21　"1-文本"的子文件夹

步骤 2　创建文本文件。

1. 进入"D:\多媒体素材\1-文本\TXT"子文件夹，右键单击空白处，弹出快捷菜单如图 1-22 所示。

2. 单击"文本文档"，得到如图 1-23 所示的窗口。可在"新建文本文档"框中键入文本文件的名称，如"搜索引擎"。如无法键入，可右键单击图标，再"重命名"。

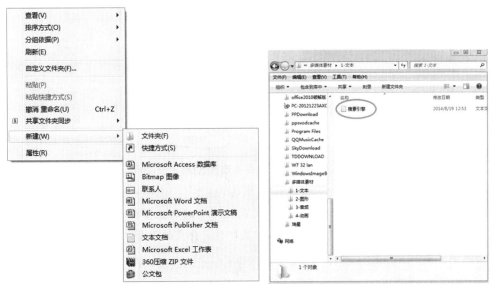

图 1-22　新建快捷方式　　　　　　　　图 1-23　新建文本文档

3. 双击新建的文件名"搜索引擎"，则可打开与文本文件相关联的应用程序"记事本"，见图 1-24。你可在其中键入文章，或进行编辑工作。

4. 保存此文件，最后结果如图 1-25 所示。

图 1-24　编辑文本文件　　　　　　　　图 1-25　文件保存结果

步骤 3　管理员权限修改方法。在 Windows 7 下替换、修改或删除系统中某个文件夹往往都需要管理员权限，特别是系统盘（C 盘）下的文件夹。这里教大家如何获得 Windows 7 文件夹权限。

1.按图中地址栏依次打开文件夹,在 zh-CN 文件夹图标上面点击鼠标右键,再点击属性,如图 1-26 所示。

图 1-26　文件夹属性选择

2.打开文件夹属性选项卡,按顺序单击:安全→高级→所有者→编辑,选中Administrators 用户组(或者你的用户所在的组),同时勾选下面的"替换子容器及对象的所有者"。确定并关闭属性对话框,即获取该文件夹的所有权,如图 1-27 所示。

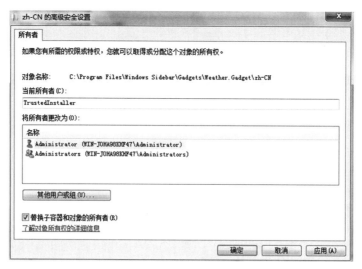

图 1-27　安全设置

3.再次单击鼠标右键打开属性对话框,依次单击:安全→高级→权限,选中下面的两个勾,然后点击编辑,选中并双击 Administrators(或者你的用户所在的组,单击"编辑");单击"完全控制",按确定依次退出即可,如图 1-28 所示。

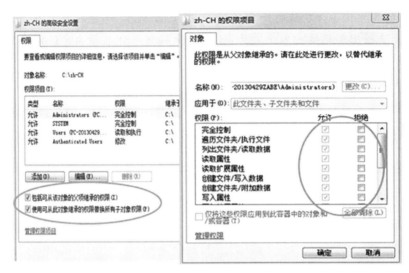

图 1-28　完全控制设置

4. 至此,你已经拥有这个文件夹的管理权限,可以进行下一步的修改和替换了。

实验 3-2　设置文件打开方式(文件关联)

任务描述

打开方式(文件关联)就是将某类型的文件与可以打开它的程序建立起一种依存关系。Windows 7 中设置文件打开方式有好几种,以下通过设置 txt 文件(文本文档)的打开方式为例进行讲解。

操作步骤

步骤 1　第一种方法。

1. 右击任意文本文档,打开方式"选择默认程序",如图 1-29 所示。

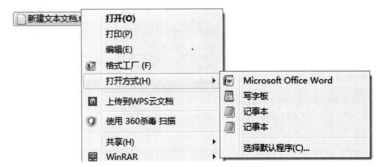

图 1-29　打开方式选项

2.选择需要设置为默认打开的程序,如图 1-30 所示,部分程序列在上方,如果找不到,点击图中红框标注的小箭头,其他已安装程序会显示出来。注意勾选"始终使用选择的程序打开这种文件",点击"确定"。

图 1-30　打开方式

如果上一步中仍没找到所需程序,点击"浏览",在弹出的对话框(如图 1-31)中选择程序文件位置。

图 1-31　打开方式中浏览界面

步骤 2 第二种方法。

1.右击文本文档→属性,如图 1-32 所示。

图 1-32 文档属性窗口

2.弹出窗口如图 1-33 所示,点击"更改"。

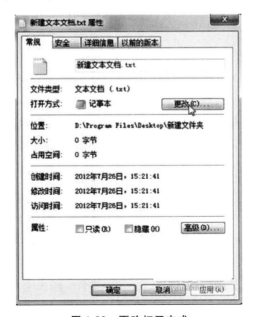

图 1-33 更改打开方式

3.在弹出的窗口(如图 1-34 所示)重新进行设置即可。

图 1-34 属性设置

步骤 3 第三种方法。

1.点击开始菜单,打开控制面板,如图 1-35 所示。

图 1-35 开始菜单中的选项

2. 选择"程序",界面如图 1-36 所示。

图 1-36　计算机设置

3. 在如图 1-37 所示的对话框上,选择"始终使用指定的程序打开此文件类型"。

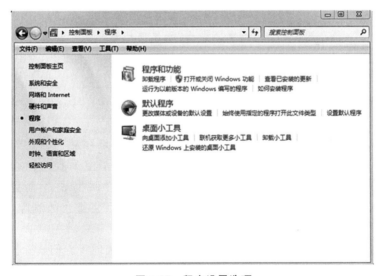

图 1-37　程序设置选项

4. 找到需设置的文件扩展名,这里选择".txt 文本文档",点击右上方"更改程序"按钮,接下来的步骤同方法一。改后效果如图 1-38 所示。

图 1-38　改后效果

说明：

（1）在方法一的第 2 步中，如果直接点击"选择默认程序"菜单上方的程序名称，即可用该程序打开此文件，但仅限此次打开，默认的打开程序仍没有修改。

（2）在图 1-31 中，如果不勾选"始终使用选择的程序打开这种文件"，点击确定后，用该程序打开此文件，但同样仅限此次打开，默认的打开程序仍没有修改。

实验 3-3　回收站操作

回收站是磁盘上的一块特定区域，是 Windows 用来存储被删除的文件的场所。我们可以使用回收站恢复误删除的文件，也可以清空回收站释放更多的磁盘空间。从硬盘删除项目时，Windows 会将该项目放在回收站中，而且回收站的图标从空变为满。从 U 盘或网络驱动器中删除的项目将被永久删除，而不会被发送到回收站。

回收站中的项目将保留到我们决定从计算机中永久地将它们删除。回收站中的项目仍然占用硬盘空间，并可以被恢复或还原到原位置。当回收站充满后，Windows自动清除回收站中日期最早的文件，以存放最近删除的项目。

如果电脑硬盘空间较小，需要及时清空回收站。也可以限定回收站的大小，以防止它占用太多的硬盘空间。

Windows 为每个分区或硬盘分配一个回收站。如果硬盘已经分区,或者计算机中有多个硬盘,则可以为每个回收站指定不同的大小。

任务描述

1.还原删除的文件"新建文本文档.txt"。

2.清空回收站。

3.设置回收站属性,具体任务包括:(1)所有驱动器均采用同一设置,即多个磁盘(C 盘、D 盘等)使用同一个回收站;(2)设置回收站大小为磁盘总容量的 10%;(3)取消显示删除确认对话框。

操作步骤

步骤 1 文件的还原。在桌面新建一个文本文档,选中后点鼠标右键,选择删除。

1.在桌面上打开回收站,右框中即出现被删除的文件列表(见图 1-39),查看删除的文件。

图 1-39 打开回收站

2.找到"新建文本文档"并选中,在窗口上面的智能式菜单栏中选择"还原此项目",则该文件会返回到原来的位置。

步骤 2 清空回收站。如图 1-39 所示,在窗口左面的智能式菜单栏中选择"清空回收站",则将回收站中的文件全部删除,清空后的文件无法再还原。

步骤 3　回收站属性的设置。

1.右击桌面上的回收站图标,如图 1-40 所示,在弹出的下拉菜单中选择"属性",打开回收站属性对话框。

图 1-40　打开回收站属性

2.在打开的回收站属性对话框中,选中"所有驱动器均采用同一设置"。

3.拖动滑标,直到其下方的数字显示为 10%。

4.如图 1-41 所示,将"显示删除确认对话框"前的勾取消。

图 1-41　回收站属性

说明:Windows 7 系统回收站图标恢复方法为桌面点击右键→"个性化"→"更改桌面图标",把回收站前面的勾勾上。

实验 3-4　文件属性和文件夹选项的设置

文件和文件夹都有属性页,它显示诸如大小、位置以及文件或者文件夹的创建日期之类的信息。查看文件或文件夹的属性时,还可以获得如下各项信息:文件或者文件夹属性、文件的类型、打开文件的程序名称、包含在文件夹中的文件和子文件夹的数目及文件被修改或访问的最后时间。

任务描述

1.在 D 盘新建"\多媒体素材\1-文本\TXT\"文件夹,在它下面新建一个文本文件"搜索引擎.txt",设置其属性为只读和隐藏,并尝试修改文件内容,查看属性修改为只读后文件的变化。

2.设置不显示隐藏的文件和文件夹,并隐藏已知文件类型的扩展名。

操作步骤

步骤 1　设置文件的只读和隐藏属性。

1.新建文件"D:\多媒体素材\1-文本\TXT\搜索引擎.txt",右击该文件,打开属性对话框。

2.在打开的文件属性对话框中,勾选"只读"和"隐藏",如图 1-42 所示。

图 1-42　文件属性设置

3.打开"搜索引擎.txt",修改内容。当再次存盘时,屏幕会跳出警示窗口,必须换一个名字或换一个地方才能保存。所以,"只读"属性有效地保护了原文件。

步骤 2 设置不显示隐藏的文件和文件夹,并隐藏已知文件类型的扩展名。

1.在计算机菜单中,单击"工具"→"文件夹选项",打开"文件夹选项"对话框,如图 1-43 所示。

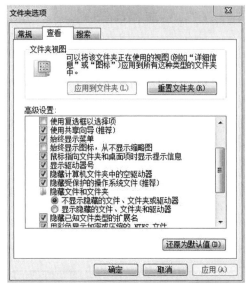

图 1-43 文件夹选项

2.将"文件夹选项"对话框切换到"查看"选项卡。

3.在"隐藏文件和文件夹"中选择"不显示隐藏的文件、文件夹和驱动器",然后打上"隐藏已知文件类型的扩展名"前面的勾,单击"确定"按钮退出。

4.在计算机中观察:刚刚设置了"隐藏"属性的文件"搜索引擎.txt"是否还出现,各类文件是否还带着扩展名。

实验 4 定制个性化工作环境

实验目的

设置与改变桌面、任务栏、"开始"菜单等工具的默认状态,设计自己喜爱的工作环境。

任务描述

量身定制 Windows 7,实现个性化桌面。

操作步骤

Windows 7 除了拥有超级任务栏和全新的桌面背景特效外,桌面也有着更为强大的功能。我们可以根据自己的需要对桌面进行量身定制。

步骤 1　设置怀旧任务栏。打开任务栏和开始菜单属性对话框,如图 1-44 所示。如果用户对当前宽度的"超级任务栏"不习惯,可在任务栏上点击鼠标右键,选择"属性"并在随后打开的窗口中勾选"使用小图标",这样 Widnows 7 任务栏就变成了经典样式的大小了。

图 1-44　设置 Windows 7 怀旧任务栏

步骤 2　我们也可以设置任务栏的位置到桌面的"底部"、"左侧"、"右侧"、"顶部"。而且,Windows 7 可支持自动清理图标,右键单击桌面空白区域后选择"查看"→"自动清理图标"即可,右侧任务栏设置如图 1-45 所示。

图 1-45　Windows 7 右侧任务栏

步骤 3　如果说把超级任务栏变成经典风格是怀旧的话，那么 Windows 7 的背景自动更新就是名副其实的新功能。在桌面上右击选择"个性化"，点击底部的"桌面背景"后就进入了背景设置界面，在上方勾选需要自动更新的背景后，在下方左侧可以设定更新的时间，点击"保存更改"后桌面背景就会自动更新了，设置界面见图 1-46。

图 1-46　Windows 7 背景切换

步骤 4 除了背景自动更新外,Windows 7 还增加了桌面便签功能。点击开始菜单后选择"便签"程序,这样就可以在桌面上创建新的便签,可以方便地记录下当天需要完成的计划、日程等。点击便签上的"＋"可以添加新的便签,点击"×"可快速删除当前的便签。如果觉得默认的黄色太乏味,可以将其换成自己喜欢的颜色,见图 1-47。

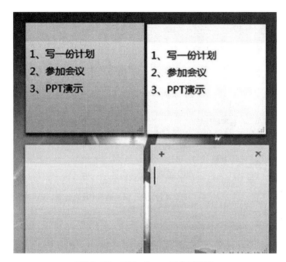

图 1-47　Windows 7 便签纸

实验 5　Windows 7 系统管理

对于一般用户或者系统管理员来说,除了要控制系统中已经安装的应用程序的运行权限外,还要对应用程序的安装行为进行控制。我们可以通过 Windows 7 的相关组策略项实现这些目标。

实验 5-1　软件管理

任务描述

1. 添加/删除 Windows 7 组件,安装应用软件。

2. 卸载应用软件。

3. 了解程序的运行与任务管理器。

操作步骤

步骤1 添加/删除 Windows 7 组件。Windows 7 组件包含在 Windows 7 系统中,也可以从系统安装盘上独立安装或删除。但添加/删除 Windows 7 组件的过程必须以管理员或 Administrators 组成员的身份登录才能完成该过程。如果计算机与网络连接,网络策略设置也可能阻止此步骤。下面以添加 IIS(Internet 服务)为例,说明添加组件的过程。

1. 单击"开始"菜单→"控制面板"。

2. 在"控制面板"中,单击"卸载程序",弹出如图 1-48 所示对话框。

图 1-48　卸载或更改程序对话框

3. 在右侧的任务列表中单击"添加/删除 Windows 组件"按钮。

4. 在"组织"选项卡中点开查看有关选项。

步骤2 安装应用软件。从网上下载一个应用软件,或从软件光盘中选择一个软件,安装到计算机中。

1. 大型软件的安装。大型软件一般是一张单独的光盘。对于这种软件,只要把光盘插入光驱,软件的自启动安装程序就会开始运行,你只要根据屏幕提示一步一步地进行操作,即可完成安装过程。如果安装程序没有自己启动,可以在"计算机"或资源管理器中打开光盘,在其根目录下找到文件"Setup.exe",然后双击,安装程序就会开始运行。

2. 小型软件的安装。小型软件一般是从网上下载来的。如果是单独的安装文件,直接双击即可实现自动安装。如果是压缩文件,则需解压缩后打开该文件夹,在其中找到安装文件"Setup.exe",双击后安装就会开始,只要根据屏幕提示一步一步地进行操作即可。

实验 5-2　硬件管理

硬件包含任何连接到计算机并由计算机的微处理器控制的设备,包括配置后连接到计算机上的仪器以及后来添加的外围设备。如通用串行总线（USB）、IEEE 1394、调制解调器、磁盘驱动器、CD-ROM 驱动器、数字视频光盘（DVD)驱动器、打印机、网络适配器、键盘、视频适配器卡、监视器、游戏控制器。

设备(分为即插即用型和非即插即用型)能以多种方式连接到计算机上。某些设备,例如网卡和声卡,连接到计算机内部的扩展槽中。其他设备,例如打印机和扫描仪,连接到计算机外部的端口上。一些被称为 PC 卡的设备,只能连接到便携式计算机的 PC 卡插槽中。

为了使设备能在 Windows 环境下正常工作,必须在计算机上安装被称作设备驱动程序的软件。每个设备都由一个或多个设备驱动程序支持,它们通常由设备制造商提供。但是,某些设备驱动程序是包含在 Windows 中的。如果设备属于即插即用型,则 Windows 可以自动检测并安装适合的设备驱动程序。

任务描述

在 Windows 7 环境下安装硬件设备。在中文版 Windows 7 中,用户不但可以在本地计算机上安装打印机,如果用户是连入网络的,也可以安装网络打印机,使用网络中的共享打印机来完成打印作业。

操作步骤

步骤 1　查看本地硬件和相关性能指标,桌面"计算机"图标右击,在弹出的对话框点中"管理",选择"设备管理器",如图 1-49 所示,查看计算机硬件。

图 1-49　计算机硬件

步骤 2　选择"共享文件夹",查看本地共享内容,见图 1-50。

图 1-50　共享文件夹

实验 5-3　Windows 7 系统控制应用程序的安装和运行

对于一般用户或者系统管理员来说,除了要控制系统中已经安装的应用程序的运行权限外,还要对应用程序的安装行为进行控制。那么,这些功能在 Windows 7 中是如何实现的呢? 我们可以通过 Windows 7 的相关组策略项实现我们的目标。

任务描述

1.实现安装控制。

2.实现软件限制。

3.实现应用程序控制。

操作步骤

步骤 1　实现安装控制。在"开始"菜单中选择"运行",键入"secpol. msc",打开 Windows 7 的本地安全策略控制台,定位到"安全设置"→"本地策略"→"安全选项"节点,在右侧可以看到很多组策略项。这其中与应用程序安装相关的项目主要有 4 项。

1.检测应用程序安装并提示提升。XP 系统下载该选项默认被启用,它决定着 Windows 7 是否自动检测应用程序的安装并提示提升。默认情况下,系统会自动检测应用程序的安装,并提示用户提升或者批准应用程序是否继续安装。如果该选项被禁用,那么用户不能对应用程序的安装进行控制。

2.只提升签名并验证的可执行文件。该选项决定了 Windows 7 是否只允许运行带有签名并且有效的可执行文件。在默认情况下,该选项是被禁用的。如果启用该选项,Windows 就会在可执行文件运行之前,强制检查文件公钥证书的有效性。

3.仅提升安装在安全位置的 UIAccess 应用程序。该选项决定了 Windows 7 在允许运行之前是否验证 UIAccess 应用程序的安全性,默认情况下该选项是被禁用的。

4.允许 UIAccess 应用程序在不使用安全桌面的情况下继续提升。这个选项默认是禁用的,它决定了用户界面辅助程序是否可以绕过安全桌面。如果启用该选项,应用程序就可以直接按照应用需求响应提升提示,这样会增加系统的风险,因为可能会被恶意程序利用。比如,我们要进行远程协助,为了避免出现问题,在创建远程协助邀请时,要确保勾选"允许响应账户控制提示"选项。

其实,除了这 4 个选项外,在该节点下还有其他的一些选项都与应用程序的安装和运行有关,大家可在理解其含义的基础上根据需要进行设置,用户账户控制设置见图 1-51。

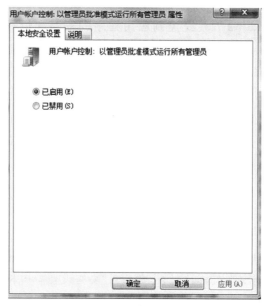

图 1-51　用户账户控制

步骤 2　实现软件限制。在 Windows 7 的组策略控制台中还有一个与软件限制相关的组策略项是"软件限制策略",在本地安全策略控制台的"安全设置"下可以看到该组策略节点,通过该策略项我们可以对系统中安装的软件进行限制。

1."强制"策略可帮助我们对文件、用户进行限制。

2.用户可以选择在应用软件限制策略时是强制验证证书还是忽略证书。

3."指定的文件类型"项可帮助我们通过文件类型实施限制,在此我们可以添加或者删除相应的文件类型。

4."受信任的发布者"项可方便我们设置信任策略。

在"安全级别"节点下有 3 个级别,默认是"不受限"级别,也就是软件访问权由用户的访问权来决定:(1)"基本用户"级别,允许程序访问一般用户可以访问的资源,但没有管理员的访问权;(2)"不允许"是最严格的级别,意味着无论用户的访问权如何,软件都不会运行;(3)在"其他规则"节点下,默认有两条注册表路径规则,它们的安全级别是不受限制的。

在此,我们可以根据需要添加其他安全规则,可供选择的规则有证书规则、哈希规则、网络区域规则、路径规则。创建方法是右键单击"其他规则"节点,然后在右键菜单中选择创建相应的规则。这个组策略节点在此前的系统中也存在,但并不能使用。灵活利用它可以帮助我们完成很多系统管理任务。

具体软件限制的设置见图 1-52。

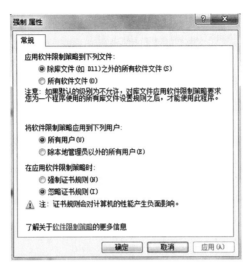

图 1-52   软件限制设置

步骤 3   实现应用程序控制。Windows 7 的"应用程序控制策略"组策略节点下新增了一个名为 AppLocker 的组策略项,利用其我们可以实现对系统中应用程序的灵活控制。

实验 5-4   Windows 7 系统时钟个性化设置

默认情况下,任务栏右侧的通知栏中总是显示本机当前系统时钟,如图 1-53 所示。当计算机的系统时钟有误或需要跳过病毒发作的日期时,可以更改系统时钟。

图 1-53   任务栏右侧系统时钟

任务描述

1.更改系统日期和时间。

2.个性化系统时钟设置

操作步骤

步骤 1   更改系统日期和时间。在 Windows 7 系统中,要更改系统时钟很简单,将鼠标指针移动到任务栏右端时间区域,单击鼠标右键,在弹出的菜单中选择"调整日期/时间";在弹出的对话框上修改,修改界面见图 1-54。

步骤 2   个性化设置。在 Windows 7 系统中,可以根据用户的喜好和意愿更改

图 1-54　日期和时间修改设置

系统时钟的默认设置。

1.改用 12 小时制。在 Windows 7 系统中,系统时钟默认采用 24 小时制,如果不习惯,可以改成 12 小时制。单击"日期和时间设置"窗口左下角"更改日历设置",弹出"自定义格式"窗口,切换到"时间"选项卡,将"时间格式"栏中表示 24 小时制的"H"改为表示 12 小时制的"h",并且在前面加上表示上午和下午的"tt"。例如:短时间改为"tt:h:mm"(不含双引号),长时间改为"tt:h:mm:ss"(不含双引号),最后单击"确定"按钮,保存设置,这样就可以把系统默认的 24 小时制改为 12 小时制,设置好的效果如图 1-55 所示。

2.直接显示星期。有两种方法可以实现:

(1)在 Windows 7 系统中,将鼠标指针移动到任务栏时间区域,在弹出的悬浮窗口中可以查看星期几,单击时间区域,在弹出的时钟窗口中也可以查看星期几,其实只要通过简单的设置,就可以在任务栏时间区域直接显示星期。步骤如下:单击"日期和时间设置"窗口左下角"更改日历设置",弹出"自定义格式"窗口,切换到"日期"选项卡,在"日期格式"栏加上表示星期几的"dddd"。例如:短时间改为"dddd/yyyy/m/d"(不含双引号),长时间改为"dddd/年'm,d'日'"(不含双引号),最后单击"确定"按钮,保存设置,这样就可以在任务栏时间区域直接看到星期了,设置如图 1-56 所示。

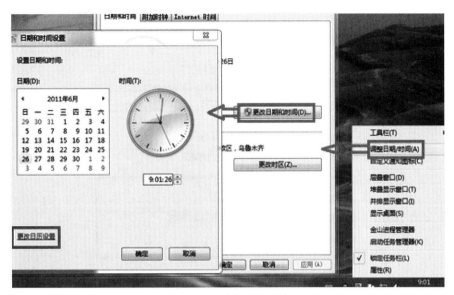

图 1-55　12 小时制时钟

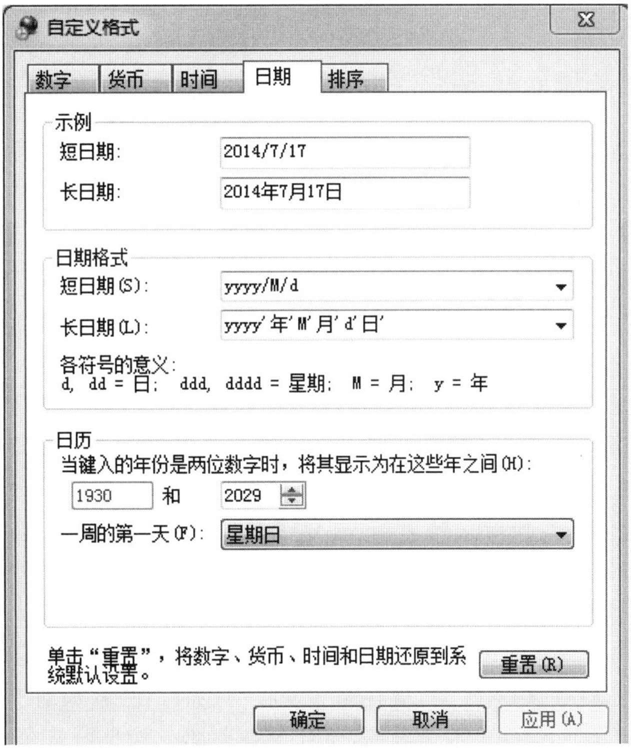

图 1-56　日期格式设置

（2）直接显示星期几还有一种方法。星期几还有一种口语化的称呼叫"周几"
（如：周一、周二……），Windows 7 系统非常人性化，只需将"dddd"改为"ddd"，就可
以在任务栏时间区域显示周几，设置界面见图 1-57。

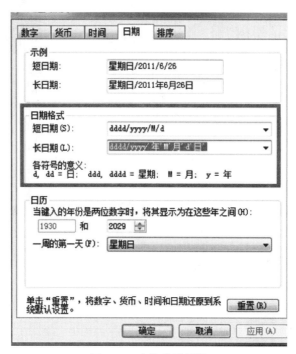

图 1-57　直接设置星期

步骤 3　添加个性化文字。单击"日期和时间设置"窗口左下角"更改日历设
置"，弹出"自定义格式"窗口，切换到"时间"选项卡，首先在"时间格式"中加上"tt"。
例如：短时间改为"tt H:mm"（不含双引号），长时间改为"tt H:mm:ss"（不含双引号），
然后在"AM 符号"和"PM 符号"右侧文本框中输入个性化文字，最后单击"确定"按
钮，保存设置，这样就可以给系统时钟加上个性化文字了。相关设置见图 1-58。

步骤 4　显示"附加时钟"。默认状态下，Windows 7 系统时钟只显示北京时
间，如果想同时了解其他时区的时间，可以设置"附加时钟"。步骤如下：鼠标右键
单击任务栏时间区域→"调整日期/时间"，在弹出的"日期和时间"窗口中切换到
"附加时钟"选项卡，勾选"显示此时钟"，然后打开"选择时区"下拉框，选择一个时
区，在"输入显示名称"下方文本框中输入名称，依样画葫芦设置第二个附加时钟，
最后单击"确定"按钮，保存设置，这样就可以将"附加时钟"添加到 Windows 7 系统
时钟中。此时不仅可以查看本地时间，还可以查看其他两个时区的时间，设置界面
见图 1-59，显示多时区时间的效果见图 1-60。

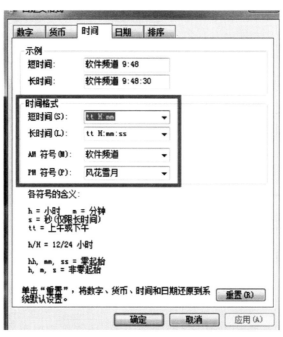

图 1-58　添加个性化文字

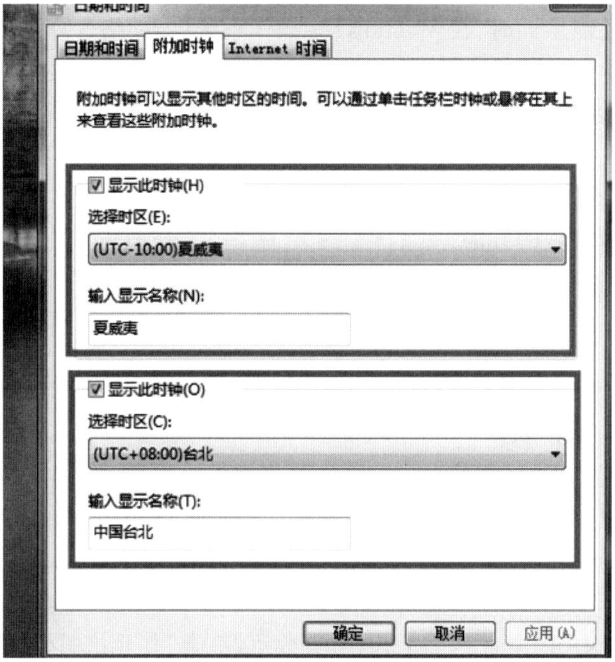

图 1-59　添加"附加时钟"

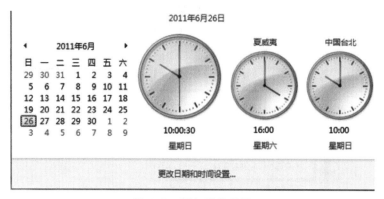

图 1-60　添加后的效果

实验 6　电源和网络管理

电源是计算机活力的来源。若是没有电源,计算机配置再高、速度再快也无法使用。不同型号的计算机有各自的电源方案。本部分实验主要完成设置电源方案和实现休眠等功能。同时,在 Windows 7 操作系统中,网络管理被放置在非常重要的位置。因此,Windows 7 中网络管理的功能非常强大,它不仅保留了前面版本的优秀功能,而且还加入了全新的技术。本部分实验也介绍了相关的新技术。

任务描述

1.掌握电源管理的方法。

2.了解网络管理。

操作步骤

实验 6-1　电源管理

一般我们可以通过 Windows 7 的电源管理为电脑配置节能方案,如果是笔记本电脑的话可以提升其续航能力。设置最佳节能模式可以实现电量消耗最小化,从而降低电脑的发热量。

步骤 1　Windows 7 电脑桌面右击"计算机"弹出快捷菜单,或点击"开始"菜单→"控制面板"→打开"计算机",如图 1-61 所示,单击"打开控制面板"。

图 1-61 计算机中打开控制面板

步骤 2 打开控制面板后,点击左侧的"硬件和声音",之后再点击右侧的"电源选项"就可以进入 Windows 7 电源管理了,如图 1-62 所示。

图 1-62 Windows 7 电源管理

步骤 3 进入 Windows 7 电源管理界面,如图 1-63 所示。

图 1-63 Windows 7 电源管理界面

步骤 4 在 Windows 7 电源管理中我们可以选择系统自带的几种节能方案,也可以自定义设置节能方案,比如设置关闭显示器和使电脑进入睡眠状态的时间。

最重要的节能设置在电源高级设置那里，可以设置多个独立硬件的关闭时间。设置界面如图 1-64 所示。

图 1-64　Windows 7 电源管理设置

实验 6-2　网络管理

步骤 1　在网络和网络共享中心查看整个网络完整的拓扑结构。

1.桌面右击"网络"→"属性"（见图 1-65），可以看到内部网络的网络类型以及连接状态。

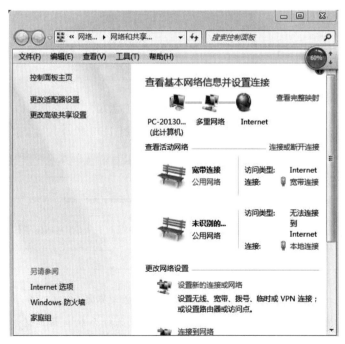

图 1-65　网络拓扑结构

2.点击"查看完整映射",见图 1-66。

图 1-66　未建立"工作"或"家庭"网络时的页面

3.创建新的连接。在"网络和共享中心"窗口中,选择"更改网络设置"区域的"设置新的连接或网络"(见图 1-67),选择"连接到 Internet",再点"下一步",选"仍要设置新连接",再选你要进行的连接即可。

步骤 2　进行远程桌面管理。

1.在桌面上双击"网络"图标,打开的窗口可显示当前网络中所有的计算机。

2.如需将两台计算机连接到相同的网络或连接到 Internet,远程桌面功能必须开启,用户所使用的远程连接账户权限必须位于管理员组或者"Remote Desktop User"组中。

步骤 3　实现家庭组共享。

1.在图 1-65 中选择"家庭网络"。

2.打开"设置网络位置"对话框。

3.选择"家庭网络"。如果创建的是第一个家庭组,会开启"创建家庭组"向导,按向导提示完成设置即可。

图 1-67　新建连接或网络

实验练习题

练习1

1.查找系统提供的应用程序"calc. exe",并在桌面上建立快捷方式,将快捷方式命名为"我的计算器"。

2.设置桌面背景,选择你喜欢的图片为背景图片。

3.设置屏幕保护程序为"彩带"。

4.设置屏幕保护程序的保护时间为"10 分钟"。

5.设置日期分隔符为"一"。

练习2

1.设置屏幕保护程序为"气泡"。

2.设置屏幕保护时间为"20 分钟"。

3.查找系统提供的应用程序"NOTEPAD. exe",并在"开始"菜单中的程序项下的"附件"上建立其快捷方式,快捷方式名为"我的记事本"。

4.设置时间格式为"tt H:mm:ss"。

练习 3

1.替换输入法图标,在"任务栏"内的"语言栏"中设置自己喜欢的输入法。

2.设置"开始"菜单属性。

3.在多窗口管理中设置"层叠窗口"。

4.设置个性窗口,根据个人喜好,对窗口各个位置进行设置。

5.设置在"计算机"窗口中始终显示菜单栏。

6.当系统打开多个窗口时,如何快速最小化所有窗口?

练习 4

1.练习使用"附件"中的"绘图",绘制简单的图形。

2.练习脱机文件的设置。

3.练习"附件"中的"截图",选择喜欢的内容并进行截取,放入新建的 Word 文件中。

4.练习创建任务计划(提示:"控制面板"→"系统安全"→"管理工具"→"任务计划")。

练习 5

1.在 D 盘新建 3 个文件夹,名字为"A1"、"A2"、"A3",在文件夹中分别新建或复制 3 个文件,练习批量修改文件或文件夹的名字。

2.练习使用 Windows 轻松传送工具,把自己的文件传送给另一台计算机(提示:"开始"→在搜索框中输入"Windows 轻松传送",按回车→选择"欢迎使用 Windows 轻松传送"→在对话框中按向导要求完成)。

3.备份第 1 小题中的文件夹,设置 A1 文件夹的属性。

4.设置 A2 文件夹下的文件属性为"只读"。

5.对 A3 文件夹加密。

练习 6

1.创建一个新账户。

2.使用权限设置创建个人文件夹(提示:双击桌面"计算机"→双击 D 盘→在 D 盘新建文件夹→右击文件夹图标→"属性"→单击"安全"→"编辑"→单击"组或用户名"列表框下方的"添加"→在"选择用户和组"对话框的文本框中输入"slkj",点

击"确定"→选择"slkj"→启用"安全控制",在"姓名 属性"对话框中单击"高级"按钮→"权限项目"……)。

  3.练习设置 IP 地址。

  4.练习诊断和修复网络连接。

  5.设置系统省电功能。

第 2 章　Word 高级操作实验

本章知识点

1. 版面设计。

2. 样式。

3. 设置标题多级自动编号。

4. 文档注释和交叉引用。

5. 目录和索引。

6. 审阅和修订。

7. 图文混排。

8. 表格制作和计算。

9. 模板。

10. 域。

11. 邮件合并。

实验 1　表格制作

实验目的

1. 掌握表格的创建和编辑, 学习设置表格属性、边框和底纹。

2. 实现常用数据预输入、限定数据格式。

3. 绘制斜线表头, 设置标题行重复。

4. 掌握新建表格样式, 应用表格自动套用格式。

5. 掌握表格计算。

任务描述

1. 绘制人事资料表,设置表格属性、边框和底纹装饰表格。
2. 使用窗体域预先输入数据、限定数据格式。
3. 绘制斜线表头、设置标题行重复。
4. 应用表格自动套用格式并新建表格样式。
5. 使用域和公式进行表格计算。

实验 1-1 绘制人事资料表

操作步骤

步骤 1 单击"插入"→"表格"→"插入表格"命令,打开"插入表格"对话框,在列数栏输入"4",行数栏输入"10",或单击"向上"箭头修改行数和列数,如图 2-1 所示,单击"确定"按钮。

步骤 2 单击表格左上角的全选图标,选中整个表格,单击"表格工具—布局"选项卡→"对齐方式"组→选择"中部两端对齐"命令;或单击鼠标右键→选择"单元格对齐方式"→"中部两端对齐"。

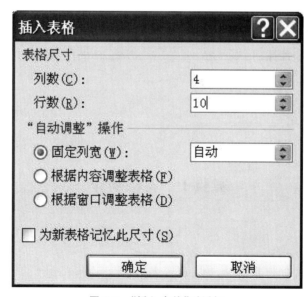

图 2-1 "插入表格"对话框

步骤 3 输入表格各栏目名称,如图 2-2 所示。

员工编号:			部门:				一寸照片	
姓名			性别		民族			
曾用名			出生日期					
出生地			参加工作时间					
职称			婚姻状况					
学历			毕业学校					
联系电话			家庭住址					
身份证号码								
学习工作经历								
家庭主要成员								
身份证复印件（正面）								

图 2-2　初始表

步骤 4　选中"员工编号:"单元格及其右侧单元格,单击鼠标右键,在快捷菜单中选择"合并单元格",或选中两个单元格后点击"表格工具—布局"选项卡→"合并"组→"合并单元格"命令。依次合并其他需要合并的单元格。

步骤 5　拖动表格行线或列线,调整表格的行高和列宽,或者通过"表格工具—布局"选项卡→"单元格"大小组→"高度"和"宽度"命令指定行高或列宽。

步骤 6　单击"表格工具—设计"选项卡→"绘制表格"按钮,鼠标指针变成画笔形状,拖曳鼠标绘制直线将"性别"右侧的单元格的 1 列拆分为 3 列。

步骤 7　选中"一寸照片"单元格,单击"表格工具—布局"选项卡→"对齐方式"组→"文字方向"→"中部两端对齐"命令,如图 2-3 所示,依次设置其他单元格的竖排格式。

步骤 8　光标定位到"家庭主要成员"右侧的单元格,单击"表格工具—布局"选项卡 →"合并"组→"拆分单元格"命令,打开"拆分单元格"对话框,输入列数"3"、行数"6",单击"确定"按钮,如图 2-4 所示。

图 2-3　设置文字竖排

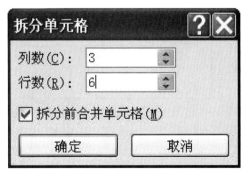

图 2-4　"拆分单元格"对话框

步骤 9 光标定位到"身份证复印件（正面）"单元格，选择"表格工具—布局"选项卡→"合并"组→"拆分表格"命令，把表格拆分为两张。

将光标定位到两张表中间，单击"格式"→"段落"命令，将段落行距设为"固定值"、2 磅，表格效果如图 2-5 所示。

人事资料表

员工编号：		部门：			一寸照片
姓名		性别		民族	
曾用名		出生日期			
出生地		参加工作时间			
职称		婚姻状况			
学历		毕业学校			
联系电话		家庭住址			
身份证号码					
学习工作经历					
家庭主要成员	姓名	与本人关系		联系方式及地址	
身份证复印件（正面）			身份证复印件（反面）		

图 2-5　绘制完成的表格

实验 1-2　设置边框和底纹

操作步骤

步骤 1　选中前文所做表格,单击"表格工具—设计"选项卡→"绘图边框"组→右下角的对话框启动器 🔲,打开"边框和底纹"对话框,边框线形选择"单实线",类型设为"全部",如图 2-6 所示。

步骤 2　选中上述表格,单击"表格工具—设计"选项卡→"绘图边框"组,选择"双实线",在"表格样式"组选择"边框"→"外侧框线"命令,如图 2-7 所示。

图 2-6　设置表格边框

图 2-7　设置表格外侧框

步骤 3　同时选中"员工编号"和"部门"两个单元格,单击"表格样式"组→"边框"→"无框线"命令。

步骤 4　选中"部门"单元格,设置双实线的右框线;选中"姓名"所在行,设置双实线的上框线。

步骤 5　选中第一列,单击"表格工具—设计"选项卡→"表格样式"组→"底纹"命令,设置为"白色,背景 1,深色 5%"的底纹,依次设置其他标题底纹颜色,效果如图 2-8 所示。

人事资料表

员工编号：		部门：			
姓名		性别		民族	一寸照片
曾用名		出生日期			
出生地		参加工作时间			
职称		婚姻状况			
学历		毕业学校			
联系电话		家庭住址			
身份证号码					
学习工作经历					

图 2-8　设置了边框和底纹效果的表格

实验 1-3　数据预输入

操作步骤

步骤 1　调出窗体工具栏。单击"文件"→"选项"命令，打开"Word 选项"对话框，选择"自定义功能区"选项卡，在右侧"自定义功能区"区域的列表框中选择"主选项卡"，在"主选项卡"列表中选中"开发工具"复选框，并单击"确定"按钮，如图2-9所示。

图 2-9　选中"开发工具"复选框

步骤 2 选中"部门"单元格,单击"开发工具"选项卡→"控件"组→"旧式窗体"命令,打开"窗体工具栏",如图 2-10 所示,在"窗体"工具栏中选择"组合框(窗体控件)",即在该单元格中插入下拉型窗体域。

步骤 3 双击该窗体域,打开"下拉型窗体域选项"对话框,在下拉项文本框中输入"教务处",单击"添加"按钮,"下拉列表中的项目"即会出现该列表项目中,如图 2-11 所示。继续在"下拉项"文本框中输入其他部门名称,输入完毕后,单击"确定"按钮。

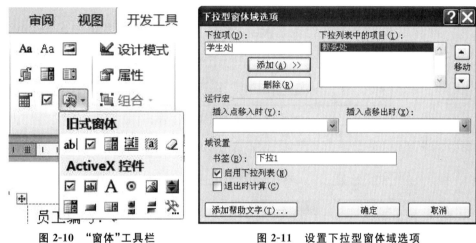

图 2-10 "窗体"工具栏　　　　图 2-11 设置下拉型窗体域选项

步骤 4 单击"开发工具"选项卡→"保护"组→"限制编辑"命令,打开"限制格式和编辑"任务窗格,选中"2.编辑限制"→"仅允许在文档中进行此类型的编辑"复选框,在下拉列表中选择"填写窗体",单击"是,启动强制保护",如图 2-12 所示。

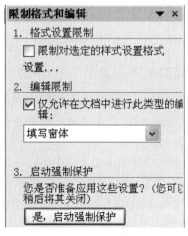

图 2-12 设置"编辑限制"

在打开的"启动强制保护"对话框中输入密码(如图 2-13 所示),则对窗体设置了强制保护,此后在部门窗体域右侧出现下拉箭头,单击该箭头,即可在下拉列表中选择刚刚输入的部门项目,如图 2-14 所示。

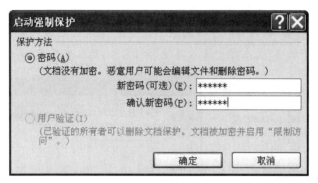

图 2-13 设置保护密码

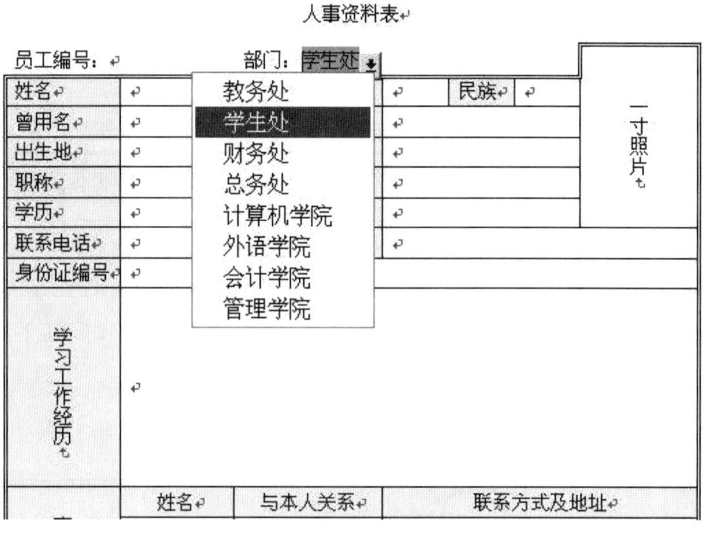

图 2-14 选择窗体域预先输入的项目

步骤 5 单击"限制格式和编辑"任务窗格 →"停止保护"命令,依次设置性别、职称、婚姻状况、学历的下拉列表项目。

步骤 6 单击"停止保护",选中"出生日期"右侧的单元格,单击"窗体"工具栏的"文本型(窗体控件)"按钮,在该单元格中插入文字型窗体域。

选中该窗体域,单击"窗体域选项"按钮,打开"文字型窗体域选项"对话框,在"类型"下拉框中选择"日期",在"日期格式"下拉框中选择"yyyy 年 M 月 d 日"格式,单击"确定"按钮,如图 2-15 所示。

单击"限制编辑"命令，单击"是，启动强制保护"，输入密码，输入日期"1980-1-1"，如图 2-16 所示，按下键盘上的 Tab 键，日期自动变成指定格式，如图 2-17 所示。

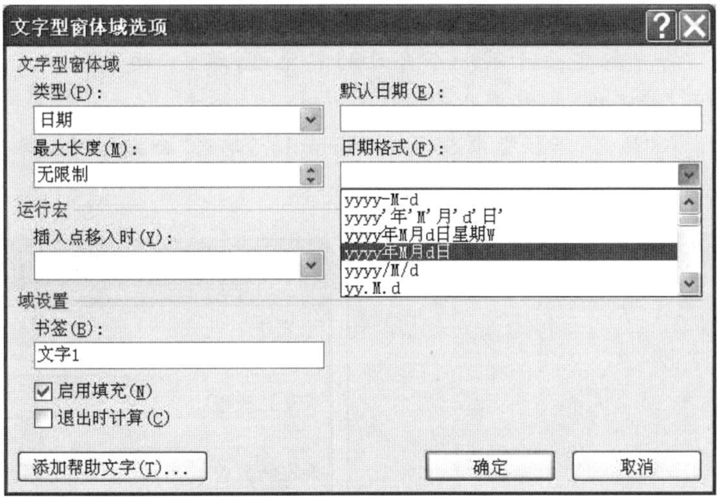

图 2-15　设置日期格式

人事资料表

员工编号:		部门:	外语学院			
姓名		性别	男	民族		
曾用名		出生日期	1980-1-1			一寸照片
出生地		参加工作时间				
职称	助教	婚姻状况	未婚			
学历	本科	毕业学校				
联系电话		家庭住址				
身份证号码						

图 2-16　输入日期

人事资料表

员工编号:		部门:	外语学院			
姓名		性别	男	民族		
曾用名		出生日期	1980年1月1日			一寸照片
出生地		参加工作时间				
职称	助教	婚姻状况	未婚			
学历	本科	毕业学校				
联系电话		家庭住址				
身份证号码						

图 2-17　日期自动变成设置的格式

实验 1-4 表格计算

操作步骤

步骤 1 将光标定位于第一个合计的单元格,单击"插入"→"文档部件"→"域",打开"域"对话框,如图 2-18 所示。

步骤 2 在"域名"下拉框中选择"＝Formula",单击"公式"按钮,弹出"公式"对话框,如图 2-19 所示。

图 2-18 "域"对话框

图 2-19 "公式"对话框

步骤 3 在"公式"框中,Word 自动给出计算公式"SUM(LEFT)",单击"确定"按钮,返回"域"对话框;再次单击"确定"按钮,在表格中自动计算出该单元格右侧所有值的和。

步骤 4 把第一个合计单元格的公式(即域)复制、粘贴至下面的单元格内,如图 2-20 所示。

销 店名 量 月份	宜庆店	丰潭店	西城店	中山店	合计
一月	210	130	190	150	680
二月	132	121	110	100	680
三月	200	190	230	230	680
四月	271	210	278	329	680
五月	312	263	301	351	680
六月	330	281	330	361	680

图 2-20 复制公式(域)

步骤 5　选中合计列,按 F9 键,每行的合计值自动更新,结果如图 2-21 所示。

销量 店名 月份	宜庆店	丰潭店	西城店	中山店	合计
一月	210	130	190	150	680
二月	132	121	110	100	463
三月	200	190	230	230	850
四月	271	210	278	329	1088
五月	312	263	301	351	1227
六月	330	281	330	361	1302

图 2-21　更新域

步骤 6　同理,若在表格末行计算合计值,则使用 Word 自动给出计算公式"＝SUM(ABOVE)",统计每列的总和值。

实验 2　报纸版面制作

实验目的

1.掌握文档的版面设计和打印设置。

2.掌握多种分栏样式和分节符、分栏符的应用。

3.掌握边框和底纹的设置。

4.掌握图形对象艺术字、图片、自选图形及文本框格式的设置。

5.掌握自选图形、艺术字阴影效果的设置。

任务描述

1.设置报纸的纸张大小、页边距、装订线的位置。

2.设计报纸的版面,合理布局刊头、多条新闻和图片的位置,使用直线或剪贴画装饰和分隔版面,如图 2-22 所示。

3.设计报纸刊头。

4.根据新闻内容字数设置 2 种分栏方式——等栏宽分栏和偏左分栏。

5.为新闻标题设置边框和底纹,为新闻摘要部分设置底纹。

6. 设置文中图片和艺术字标题的环绕方式。

7. 采用矩形图形设置广告区内容，设置矩形的形状效果和阴影效果。

8. 设置艺术字"一周新闻热点"的阴影效果。

9. 用文本框编辑"一周新闻热点"内容，设置形状效果和填充效果。

实验 2-1　版面设计

图 2-22　报纸版面布局

操作步骤

步骤 1　单击"页面布局"→"纸张大小"→选择"A3"。

步骤 2　单击"页面布局"→"页边距"→"自定义边距"，打开"页面设置"对话框，在"页边距"选项卡中将上、下边距设为 2.54 厘米，左边距设为 1.5 厘米，右边距设为 3 厘米，应用于"整篇文档"，如图 2-23 所示。

切换到"版式"选项卡，设置页眉页脚位置分别为 1.75 厘米和 1.5 厘米，应用于"整篇文档"，如图 2-24 所示。

图 2-23　设置页边距

图 2-24　设置页眉页脚边距

实验 2-2　设置页眉和报纸刊头(1 区)

操作步骤

步骤 1　单击"插入"→"页眉"→"编辑页眉"命令进入页眉编辑,将光标定位到页眉左侧,单击"插入"组→"日期和时间"命令,打开"日期和时间"对话框,在"语言(国家/地区)"中选择"中文(中国)",在"可用格式"列表框中选择"2014 年 5 月 7 日星期三",选中"自动更新",如图 2-25 所示,单击"确定"按钮。

图 2-25　设置页眉中日期格式

步骤2 继续在页眉中输入责任编辑和版面设计作者名称,在右侧输入"A2版",中间空白用矩形填充。

步骤3 单击"插入"→"形状"→"矩形",将其拖至版面设计作者名称和"A2版"之间,调整长度,在"绘图工具格式"上下文选项卡的"大小"组中,将宽度设为0.3厘米。

单击"形状样式"组→对话框启动器,打开"设置形状格式"对话框,如图2-26所示,选择"填充"→"纯色填充"→"填充颜色",单击"颜色"右侧下拉箭头,选择"其他颜色",打开"颜色"对话框,选择"自定义"选项卡,颜色模式选择"RGB",红色、绿色、蓝色分量数字如图2-27所示。

线条颜色选择"无线条"。

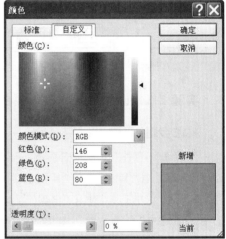

图2-26 "设置形状格式"对话框   图2-27 "颜色"对话框

步骤4 切换至"页眉和页脚工具设计"上下文选项卡,单击"关闭页眉和页脚",切换回正文编辑。

步骤5 单击"插入"→"艺术字",选择"渐变填充—蓝色,强调文字颜色1",输入文字"同程物流周报",字体设为"宋体"、"二号"。

选中该艺术字,单击"艺术字"→切换至"绘图工具格式"上下文选项卡,单击"艺术字样式"组→"文字效果"→"转换"→"弯曲"→"正V形",如图2-28所示,设置艺术字文字效果。

步骤6 单击"插入"→"艺术字",选择"渐变填充—灰色,轮廓—灰色",输入文字"行业新闻",字体设为"宋体"、"二号"。

步骤7 调整2个艺术字的间距,在中间插入"形状"→"直线",调整长度,打开

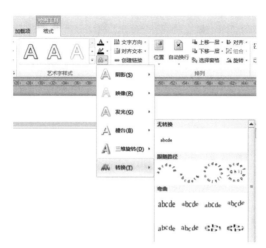

图 2-28　设置艺术字文字效果

"设置形状格式"对话框,将线条颜色设为"黑色,文字 1,淡色 35％",线型宽度设为 1.5 磅,效果如后文图 2-32 所示。

实验 2-3　分栏新闻(2 区)版面制作 1

操作步骤

步骤 1　选中第一篇新闻标题,字体设为"宋体"、"小二","左对齐"。

步骤 2　单击"插入"→"形状"→"直线",调整长度至整页宽度,调整位置,将刊头与新闻 1 标题分隔,打开"设置形状格式"对话框,将线条颜色设为"黑色,文字 1",线型宽度设为 1.5 磅。

步骤 3　单击"插入"→"文本框"→"简单文本框",输入新闻摘要,将字体设为"宋体"、"小四"、加粗,"左对齐"。

步骤 4　选中该文本框,打开"设置形状格式"对话框,选择"填充"→"纯色填充"→"填充颜色",单击"颜色"右侧下拉箭头,选择"白色,背景 1,深色 5％"。

线条颜色选择"实线",单击"颜色"右侧下拉箭头,选择"白色,背景 1,深色 15％"。

步骤 5　选中该文本框,切换至"绘图工具格式"上下文选项卡,单击"排列"组→"位置"→"其他布局选项"命令,打开"布局"对话框,选择"文字环绕"选项卡,将环绕方式设为"上下型",如图 2-29 所示。

步骤 6　选中新闻正文,字体设为"宋体"、"小五"。

单击"页面布局"→"分栏"→"更多分栏"命令,打开分栏对话框,栏数设为 4,应用于"整篇文档",如图 2-30 所示。

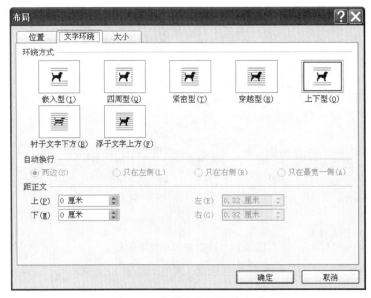

图 2-29 设置文本框环绕方式

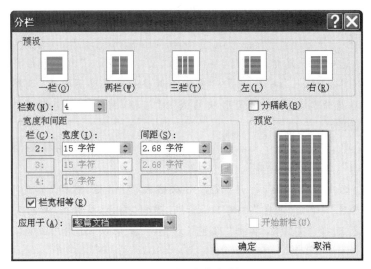

图 2-30 "分栏"对话框

　　步骤 7　单击"插入"→"形状"→"直线",在各栏之间插入一条竖线,调整其长度,线条颜色为"黑色,文字 1",线型宽度设为 0.75 磅,短画线类型设为"圆点",效果如后文图 2-32 所示。

　　步骤 8　插入相关图片,选中该图片,打开"布局"对话框,将环绕方式设为"紧密型"。将该图片拖至新闻 1 右上角,并调整大小以适应版面。

实验 2-4　分栏新闻(2区)版面制作 2

操作步骤

步骤 1　选中第 2 篇新闻标题,字体设为"宋体"、"小二"、"左对齐"。

步骤 2　选中新闻标题所在行,单击"开始"→"段落"组→"下框线"右侧箭头,选择"边框和底纹"命令,打开"边框和底纹"对话框,如图 2-31 所示,边框"样式"为单实线,颜色为 RGB(255,0,255),宽度为 0.5 磅,下框线,应用于"段落"。

切换"底纹"选项卡,将填充颜色设为"白色,背景 1,深色 5%",单击"确定"按钮。

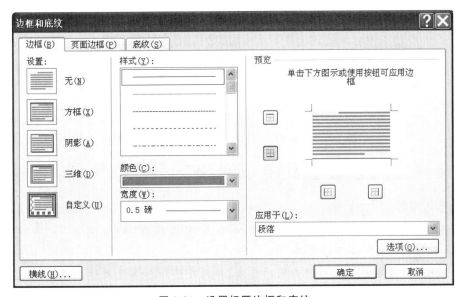

图 2-31　设置标题边框和底纹

步骤 3　复制新闻 1 与刊头间的直线,移到新闻 1 和新闻 2 之间适当位置。

步骤 4　单击"插入"→"文本框"→"简单文本框",输入新闻摘要,将字体设为"宋体"、"小五"、加粗、"左对齐"。

步骤 5　设置该文本框填充颜色、线条颜色、环绕方式同新闻 1 的摘要。

步骤 6　设置字体、分栏同新闻 1。最终效果如图 2-32 所示。

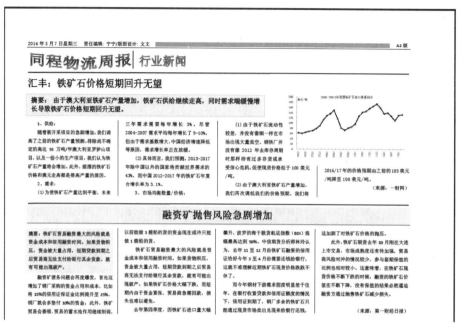

图 2-32　报纸刊头与分栏新闻(2 区)排版效果图

实验 2-5　偏左分栏新闻(3 区)版面制作

操作步骤

步骤 1　在 3 区正文前插入一个空行,单击"页面布局"→"分隔符"→"分节符"→"连续"命令,插入连续分节符。

步骤 2　复制新闻 1 与刊头间的直线,移到 2 区和 3 区之间适当位置,将颜色设为"黑色,文字 1,淡色 50%",线型宽度设为"3 磅"。

步骤 3　选中新闻正文,字体设为"宋体"、"小五"。

单击"页面布局"→"分栏"→"偏右",将光标移到右栏末尾,单击"页面布局"→"分隔符"→"分页符"→"分栏符",将文字全部集中到左栏,效果见后文图 2-39。

步骤 4　切换至"艺术字工具格式"上下文选项卡,单击"艺术字样式"组右侧的"其他"箭头,打开艺术字样式库,选择"艺术字样式 12",如图 2-33 所示,单击"文字"组→"编辑文字"命令,输入新闻标题"2014 年 4 月中国物流业业务总量指数为57.7%",字号设为"36",如图 2-34 所示。

步骤 5　选中该艺术字,单击"排列"组→"位置"→"其他布局选项"命令,打开"布局"对话框,选择"文字环绕"选项卡,将环绕方式设为"四周型"。将该艺术字拖至 3 区左侧,调整大小,使其刚好嵌入新闻内文,效果见后文图 2-39。

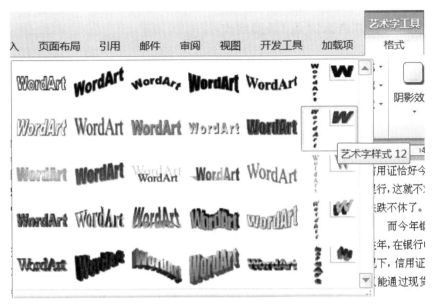

图 2-33　选择艺术字样式

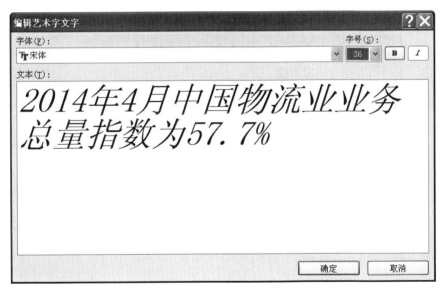

图 2-34　编辑艺术字文字

　　步骤 6　选中图片"中国物流业业务问题走势图(％)",切换至"绘图工具格式"上下文选项卡,单击"排列"组→"位置"→"其他布局选项"命令,打开"布局"对话框,选择"文字环绕"选项卡,将环绕方式设为"四周型"。

　　将该图片拖至 3 区右上角,并调整大小以适应版面。

实验 2-6 广告区(4 区)版面制作

操作步骤

步骤 1 单击"插入"→"形状"→"直线",在 3 区和 4 区之间插入一条竖线,调整其长度,线条颜色为"黑色,文字 1",线型宽度设为 0.75 磅,短画线类型设为"圆点"。

步骤 2 单击"插入"→"形状"→"矩形",调整其大小,右击该矩形,在快捷菜单中选择"编辑文字"命令,输入"推荐服务商",字体设为"宋体"、"五号"、"黑色"、"加粗","左对齐"。

步骤 3 选中该矩形,切换至"绘图工具格式"上下文选项卡,单击"形状样式"组→对话框启动器,打开"设置形状格式"对话框,选择"文本框"项,设置内部边距上下皆为 0.03 厘米,如图 2-35 所示。

切换到"填充"项,选择"渐变填充"→"填充颜色",方向设为"线性向下",渐变光圈设为 3 个,位置分别为 0%,50%,100%,颜色分别设为 RGB(154,181,228),RGB(194,209,237),RGB(225,232,245),如图 2-36 所示。

线条颜色选择"无线条"。

图 2-35 设置矩形内部边距

图 2-36　设置渐变填充颜色

步骤 4　选中该矩形,单击"形状样式"组→"形状效果"→"阴影"→"外部"→"向右偏移"命令,阴影效果如后文图 2-39 所示。

步骤 5　单击"插入"→"形状"→"矩形",打开"设置形状格式"对话框,选择"填充"→"渐变填充"→"填充颜色",方向设为"线性对角—左上到右下",渐变光圈设为 3 个,位置分别为 0%,50%,100%,颜色分别设为 RGB(255,255,255),RGB(225,232,245),RGB(184,202,234)。

线条颜色选择"无线条"。

步骤 6　输入文字"同程物流",字体设为"隶书"、"四号"、"黑色"、"加粗","左对齐"。

选中文字"同程物流",切换至"绘图工具格式"上下文选项卡,单击"艺术字样式"组→"文字效果"→"映像"→"映像变体"→"半映像,接触"命令,如图 2-37 所示,设置文字映像效果。

单击"发光"→"发光变体"→"水绿色,5pt 发光,强调文字颜色 5",如图 2-38 所示,设置文字发光效果。

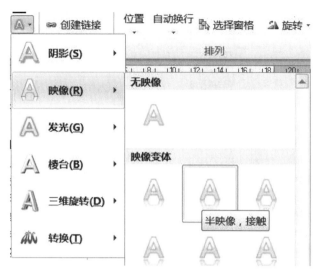

图 2-37 设置文字映像效果

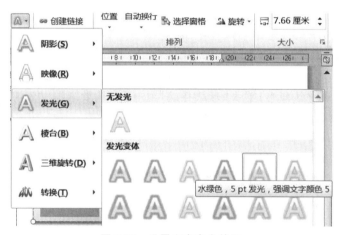

图 2-38 设置文字发光效果

步骤 7 单击"插入"→"文本框"→"简单文本框",输入相关文字,打开"设置形状格式"对话框,设置为"无填充"、"无线条颜色",将文本框移至 4 区适当位置。

将该矩形与文本框复制,输入其他文字,效果如图 2-39 所示。

实验 2-7 短新闻(5 区)版面制作

操作步骤

步骤 1 切换至"艺术字工具格式"上下文选项卡,单击"艺术字样式"组右侧"其他"箭头,打开艺术字样式库,选择"艺术字样式 15",单击"文字"组→"编辑文字"命令,输入文字"一周新闻热点",字体字号设为"隶书"、"24"。

步骤 2 选中该艺术字,单击"阴影效果"组→"阴影效果"→"投影"→"阴影样式 2",设置艺术字阴影效果,单击"阴影效果"组上下左右箭头命令,根据需要将设置阴影略向各个方向偏移。

步骤 3 单击"插入"→"文本框"→"简单文本框",输入相应新闻内容,将字体设为"宋体"、"小五"。

步骤 4 选中该文本框,打开"设置形状格式"对话框,选择"填充"→"渐变填充"→"填充颜色",方向设为"线性对角—左下到右上",渐变光圈设为 3 个,位置分别为 0%,50%,100%,颜色分别设为 RGB(225,232,245),RGB(242,242,242),RGB(225,232,245)。

线条颜色选择"无线条"。

步骤 5 单击"形状样式"组→"形状效果"→"柔化边缘"→"10 磅",设置文本框边缘柔化效果。

调整艺术字"一周新闻热点"和文本框的位置。排版效果如图 2-39 所示。

全文效果如图 2-40 所示。

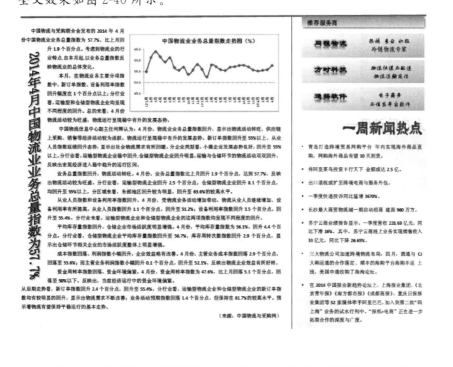

图 2-39　3、4、5 区排版效果

图 2-40　全文排版效果

实验 3　毕业论文制作

实验目的

1. 掌握文档的页面设置。

2. 掌握样式的创建、修改和应用。

3. 掌握章节标题多级编号、图表题注和交叉引用的自动编号及引用。

4. 掌握文档的审阅和修订。

任务描述

1. 设置毕业论文的纸张大小、页边距和装订线的位置。

2. 使用样式定义正文格式,为标题创建多级自动编号样式,并应用到全文。

3. 绘制系统框图。

4. 为图表加入带章节编号的题注并在正文中引用题注。

5. 使用文档的审阅和修订功能编辑修改论文。

实验 3-1　页面格式设置

操作步骤

步骤 1　单击"页面布局"→"纸张大小"→"A4",设置论文纸张大小。

步骤 2　单击"页面布局"→"页边距"→"自定义页边距",打开"页面设置"对话框,选中"页边距"选项卡,在"上"、"下"、"左"、"右"数值框中均输入 2.54 厘米,装订线位置选择"左",装订线位置输入 1 厘米,单击"确定"按钮,如图 2-41 所示。

步骤 3　单击"文件"→"保存"命令或"另存为"命令,或是单击常用工具栏中的"保存"按钮,打开"另存为"对话框,在"保存位置"下拉列表框中选择指定的文件夹,在"文件名"文本框中输入文件名"实验 3—毕业论文—排版",在"保存类型"下拉列表框中选择文件类型"Word 文档(＊ .docx)",单击"保存"按钮,如图 2-42 所示。

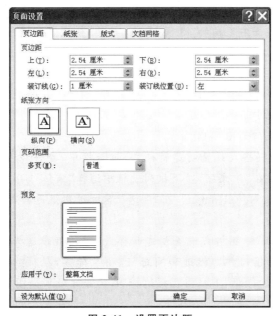

图 2-41　设置页边距

图 2-42 "另存为"对话框

实验 3-2 使用新建样式定义正文格式

操作步骤

步骤 1 切换至"开始"上下文选项卡,单击"样式"组右下角的对话框启动器,打开"样式"窗格,单击右下角的"选项"命令,打开"样式窗格选项"对话框,在"选择要显示的样式"下拉列表中选择"当前文档中的样式",如图 2-43 所示,单击"确定"按钮。

步骤 2 在"样式"窗格单击"新建样式"按钮,打开"根据格式设置创建新样式"对话框,在"名称"框中输入"正文 毕业论文",样式类型设为"段落",样式基准设为"正文 毕业论文",如图 2-44 所示。

步骤 3 在"根据格式设置创建新样式"对话框中,单击"格式"→"字体"命令,打开"字体"对话框,在"中文字体"下拉列表框中选择"宋体",在"西文字体"下拉列表框中选择"Timers New Roman",在"字号"下拉列表框选择"小四",单击"确定"按钮。

步骤 4 继续在"根据格式设置创建新样式"对话框中选择"格式"→"段落"命令,打开"段落"对话框,选中"缩进和间距"选项卡标签,在"特殊格式"下拉列表框选择"首行缩进",在"行距"下拉列表框选择"1.5 倍行距",如图 2-45 所示,单击"确定"按钮。

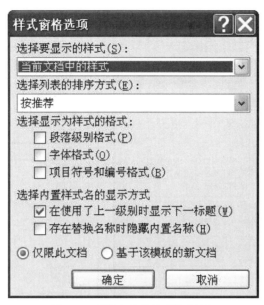

图 2-43 "样式窗格选项"对话框

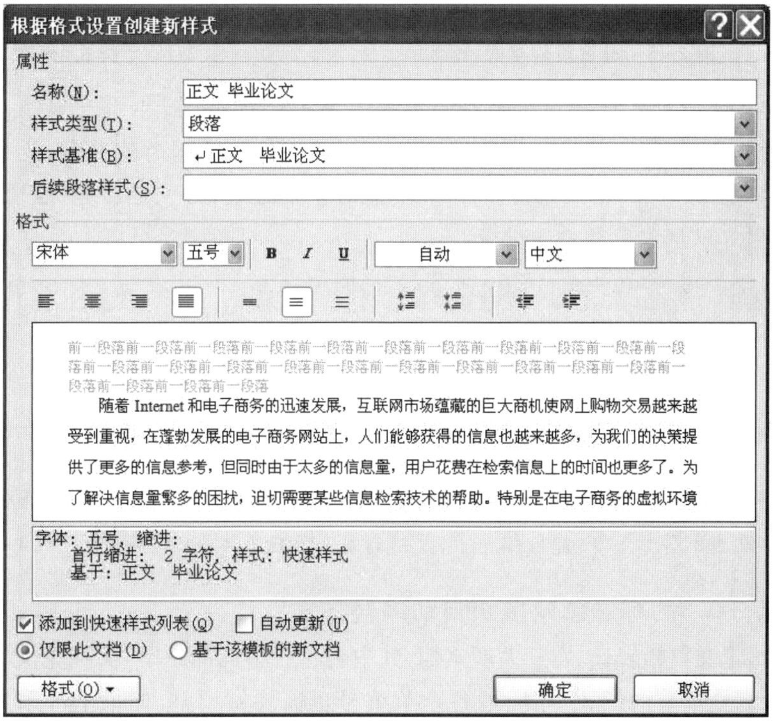

根据格式设置创建新样式

属性

名称(N): 正文 毕业论文

样式类型(T): 段落

样式基准(B): ↵正文 毕业论文

后续段落样式(S):

格式

宋体 五号 **B** *I* <u>U</u> 自动 中文

前一段落前一段落前一段落前一段落前一段落前一段落前一段落前一段落前一段落前一段落前一段
落前一段落前一段落前一段落前一段落前一段落前一段落前一段落前一段落前一段落前一段落前一段
落前一段落前一段落前一段落前一段落前一段落

随着 Internet 和电子商务的迅速发展，互联网市场蕴藏的巨大商机使网上购物交易越来越
受到重视，在蓬勃发展的电子商务网站上，人们能够获得的信息也越来越多，为我们的决策提
供了更多的信息参考，但同时由于太多的信息量，用户花费在检索信息上的时间也更多了。为
了解决信息量繁多的困扰，迫切需要某些信息检索技术的帮助。特别是在电子商务的虚拟环境

字体：五号，缩进：
首行缩进： 2 字符，样式：快速样式
基于：正文 毕业论文

☑添加到快速样式列表(Q) □自动更新(U)
◉仅限此文档(D) ○基于该模板的新文档

格式(O)▼

图 2-44 创建新样式

73

返回"根据格式设置创建新样式"对话框,单击"确定"按钮,样式栏中新增一个样式"正文 毕业论文",如图 2-46 所示。

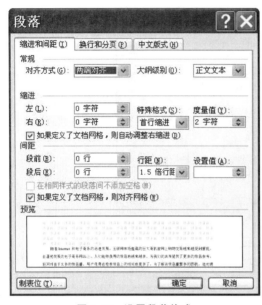

图 2-45 设置段落格式

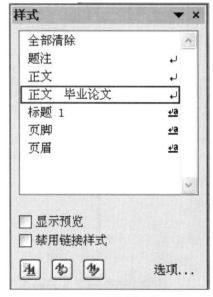

图 2-46 "样式"窗格

也可以通过标尺设置段落首行缩进和页面左右边距,如图 2-47 所示。标尺左侧上方的▽是"首行缩进"控制钮,拖动它即可调整段落首行的缩进量;左侧下方的⬒是"左缩进"控制钮,拖动它可以调整段落的左缩进量;右侧的△是"右缩进"控制钮,拖动它可以调整段落右缩进量。

图 2-47 标尺

✎ 注意:标尺可通过"视图"→"显示"组→"标尺"命令显示和关闭。

步骤 5 将光标定位在论文正文中任意位置,单击样式"正文 毕业论文",则该段自动设为宋体、小四、首行缩进、1.5 倍行距,英文字体则为"Timers New Roman"。

实验 3-3 为标题创建多级自动编号样式

通常,论文篇幅较长,属于大型文档,其中会包含不同的章节,而在论文编辑修改时可能会调整章节的位置,相应地各章节编号也需要做调整,如果全部采用手工编号,不但费时费力,而且容易出错,采用自动编号可以大大减少工作量,并避免出错。

论文的章节通常采用章、节、小节三级标题,设章为一级标题、节为二级标题、小节为三级标题。我们将章的编号格式设为"第 X 章",其中 X 为自动排序,如"第 1 章"、"第 2 章";节编号格式设为多级符号"X. Y",其中 X 为章数字序号,Y 为本节的序号,如"1. 1"、"1. 2"等;小节编号格式设为"X. Y. Z",X、Y 定义同前,Z 为小节序号,如"1. 1. 1"、"1. 1. 2"等。

操作步骤

步骤 1 选中第 1 章标题所在行,将光标移到"样式"窗格中"标题 1"的右侧,单击右侧出现的下拉箭头,在下拉列表中选择"修改"命令,打开"修改样式"对话框,该对话框与"根据格式设置创建新样式"对话框类似。

步骤 2 将字号设为"二号",将段前距和段后距设为 18 磅,"行距"设为"2 倍行距",对齐方式设为"居中"。

同样,设置二级标题为三号字,段前、段后距为 12 磅,左对齐,1.5 倍行距;三级标题为四号字,左对齐,段前、段后距为 6 磅,1.5 倍行距。

步骤 3 光标定位于第 1 章标题所在行,单击"开始"→"段落"组→"多级列表"→"定义新的多级列表"命令,如图 2-48 所示,打开"定义新多级列表"对话框,如图 2-49 所示。

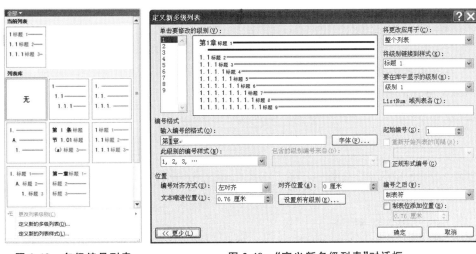

图 2-48 多级编号列表   图 2-49 "定义新多级列表"对话框

步骤 4 在"定义新多级列表"对话框中,在"级别"列表中选择"1",编号样式选择"1,2,3,…",起始编号设为"1",在编号格式"1"前后输入"第"字和"章"字,单击"更多"按钮,将级别样式链接到样式"标题 1",如图 2-49 所示。

类似地,定义 2 级编号格式为"1.1",级别链接到样式"标题 2",定义 3 级编号格式为"1.1.1",级别链接到样式"标题 3",如图 2-50 所示,按"确定"按钮完成章节标题多级编号的定义。

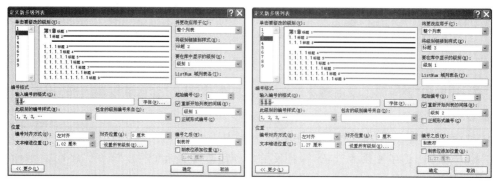

图 2-50 定义多级编号

步骤 5 在正文中应用章节标题样式,若是在论文撰写完后再编辑格式,会出现如图 2-51 所示的结果,其中"第 1 章"是刚才设置的自动编号,"第一章"是原有的手工编号,节标题也是如此。

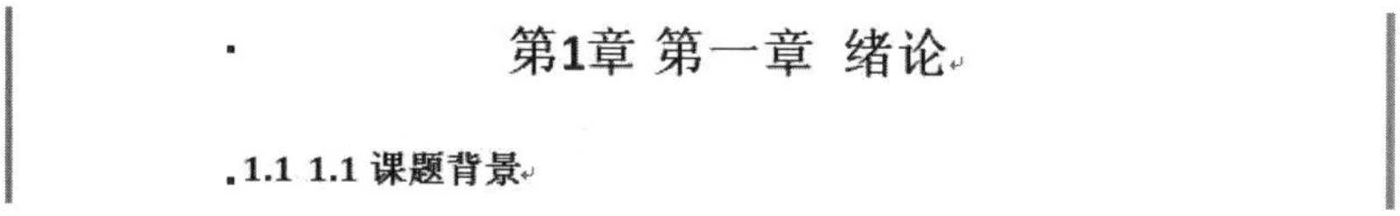

第1章 第一章 绪论

1.1 1.1 课题背景

图 2-51 同时拥有自动编号与手工编号的标题

在正文中正确应用多级编号标题及正文样式的最终效果如图 2-52 所示,正文右侧的"样式和格式"窗格显示了目前已经定义的标题样式、正文样式和当前段落应用的样式。

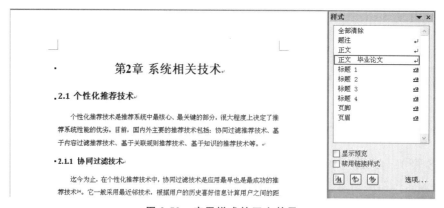

图 2-52 应用样式的正文效果

实验 3-4 使用形状绘制系统框图

在毕业论文中经常需要绘制系统框图和流程图,可以使用"形状"命令完成。

操作步骤

步骤 1 单击"插入"→"形状"命令 →"流程图",选中"过程"图形,如图 2-53 所示。鼠标形状变成"十"字形,拖动鼠标在文档中画出矩形,通过鼠标拖曳调整为适当大小。

图 2-53 "形状"命令显示效果

若要精确调整图形大小,可切换到"图片工具格式"→"大小"组,用"高度"和"宽度"命令进行设置。

步骤 2 选中该矩形框,单击鼠标右键,在快捷菜单中选择"添加文字",输入文字"基于个性化服务的购物系统"。

重复步骤 1、2,依次添加各级图形,并调整位置。

步骤 3 点击"插入"→"形状"→"直线",在各个图形中加入连接线,完成效果如图 2-54 所示。

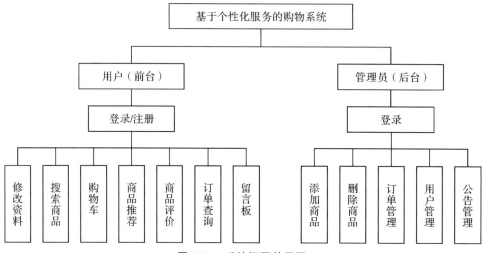

图 2-54 系统框图效果图

步骤 4 按住 Shift 键,依次单击所有图形和直线,右击鼠标,在快捷菜单中选择"组合"→"组合"命令,将所有图形和直线组成一个整体。

步骤 5 选中该组合,切换至"绘图工具格式"上下文选项卡,单击"排列"组→"位置"→"其他布局选项",打开"布局"对话框,选择"文字环绕"选项卡,将环绕方式设为"嵌入型",设置居中对齐。

实验 3-5 插入带章节编号的题注

操作步骤

在写论文时,图表或公式通常按其在章节中出现的顺序分章编号,如第一章第 1 个图的编号为"图 1-1",第四章的第 2 张表编号为"表 4-2",第五章第 1 个公式"公式 5-1"等。在编辑过程中,经常会增加或删除图表及公式,编号的顺序相应地也要重新调整,这对于手工编号来说工作繁重而且容易出错,采用自动编号的题注和交叉引用可以减少大量的修改工作。

步骤 1　将光标定位于要添加题注的图形下方,单击"引用"→"插入题注"命令,打开"题注"对话框,如图 2-55 所示。

默认的标签只有"图表"、"表格"、"公式","图"、"表"不是内置的标签,需要新建。

步骤 2　单击"新建标签"按钮,打开"新建标签"对话框,输入"图",如图 2-56 所示,单击"确定"按钮,返回"题注"对话框。

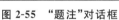

图 2-55　"题注"对话框　　　　图 2-56　插入新标签"图"

步骤 3　单击"编号"按钮,打开"题注编号"对话框,选中"包含章节号",章节起始样式设为"标题 1",使用分隔符设为"-",如图 2-57 所示,单击"确定"按钮,返回"题注"对话框,在"题注"框中显示当前的题注编号,如图 2-58 所示。

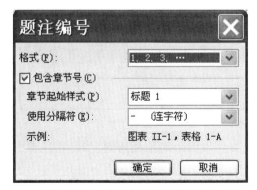

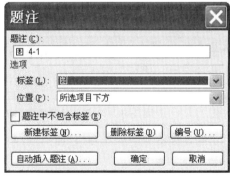

图 2-57　"题注编号"对话框　　　　图 2-58　带章节编号的题注

注意:通常,论文中图片和图形的题注在其下方,表格的题注在其上方。

步骤 4　在"题注"对话框中将位置设为"所选项目下方",单击"确定"按钮,在图片下方加入题注,如图 2-59 所示。

增加或删除图后,需要在论文中更新题注编号,选中题注所在行,按"F9"即可自动完成编号更新。

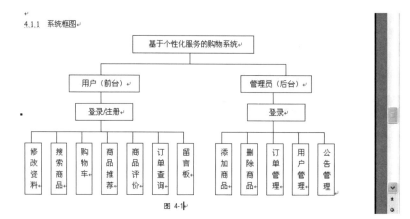

图 2-59　带章节编号的题注

注意:若要在题注编号中包含章节号,要注意两个问题:(1)必须将每章起始处的标题设为固定的标题样式,否则在添加题注编号时无法找到在"题注编号"对话框中设定的样式类型;(2)标题样式必须采用项目自动编号,Word 无法识别手动输入的章节号数字。

如果没有设置自动编号,会出现如图 2-60 所示的错误提示对话框,正文添加的题注显示为"X-0-X"的编号,"0"即表示无法识别的章节号。

图 2-60　未定义标题多级列表编号的出错提示和正文显示信息

首次定义好图注标签后,后续再为其他图片或图形对象插入题注时,题注框内的编号会自动增加。

为表格和公式加入带章节编号的题注步骤同上。

实验 3-6　插入交叉引用

操作步骤

论文在说明某些问题时经常要引用插入的图片、图形、表格和公式,通常用"如图 1-1 所示"、"见表 4-1"、"参考公式 5-1"等说明将正文与图、表格、公式建立起对应关系。Word 可以为编号项、标题、脚注、尾注、题注等多种类型进行交叉引用。在创建对某一对象的交叉引用之前,必须先标记该项目。在正文中插入图的交叉引用步骤如下:

步骤 1 将插入点置于要插入引用标记的位置,单击→"引用"→"交叉引用"命令,打开"交叉引用"对话框,如图 2-61 所示。

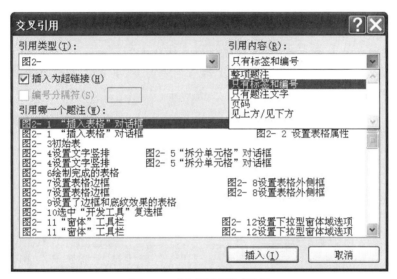

图 2-61 "交叉引用"对话框

步骤 2 在引用类型中选择新建的标签"图 2-",在"引用哪一个题注"列表框中列出的目前所有添加图注中,选择"图 2-1",在引用内容中选择"只有标签和编号",单击"插入"按钮,再单击"关闭"按钮,关闭"交叉引用"对话框。

步骤 3 增加或删除图后,需要在论文中更新交叉引用,可选定该交叉引用或选中全文,按"F9",即可更新交叉引用编号。

关于脚注和尾注的交叉引用见实验 4-5"在正文中多次引用同一文献"。

实验 3-7 文档的审阅和修订

当完成毕业论文初稿交给指导老师后,如何得知文档中哪些内容被修改过呢?这时只要启用修订功能即可。修订功能可以显示文档中每个审阅者所做的所有编辑更改位置的标记,如每一次的插入、删除、修改操作以及格式的更改,都会被标记,作者可以根据需要接受或拒绝每一处的修改。标记修订可以防止误操作对文档带来的损害。

步骤 1 单击"审阅"→"修订"组→"审阅窗格"命令,打开"审阅"窗口,如图 2-62所示。

审阅有 4 种状态：

"最终:显示标记"：审核的当前状态,只显示未经过审核的修订标记。

"最终状态"：显示结束审核后的文档或接受所有修订后的文档。

"原始:显示标记"：审核前的文档,即包含所有修订的原始文档。

"原始状态"：显示原始的、未更改的文档,或是拒绝所有修订后的文档。

步骤 2　单击"修订"组的"修订"命令,文档进入修订状态,在修订状态下,对文档的任何操作都会被标记出来,如图 2-62 所示。

　　Word 默认的审阅方式是"显示标记的最终状态",在接受或拒绝修订之前,所有标记都是显示的,格式的修订置于文档右侧空白处,并用连线指明其位置,文字的插入、删除显示在审阅窗格中,如图 2-62 所示。

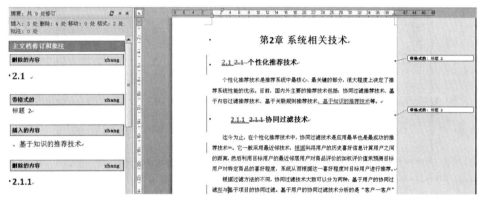

图 2-62　修订状态下的文档

步骤 3　选中第 4 个修订,"根据利用用户的历史喜好信息"一行,单击"审阅"上下文选项卡→"更改"组→"拒绝"→"拒绝修订",再单击"接受"→"接受对文档所做的所有修订",则图 2-62 所示的文档更新为如图 2-63 所示的结果。

　　接受修订后,修订将转为常规文字或是将格式应用于最终文本,同时修订标记自动被删除。

　　拒绝接受修订后,修订标记自动被删除。

　　注意:"接受"下级命令中"接受修订"、"接受所有显示的修订"、"接受对文档所做的所有修订"分别为接受选中的单个修订、接受某个审阅者的修订、接受所有审阅者的修订。

　　　　"拒绝"下级命令中"拒绝修订"、"拒绝所有显示的修订"、"拒绝对文档所做的所有修订"分别为拒绝单个修订、拒绝某个审阅者的修订、拒绝所有审阅者的修订。

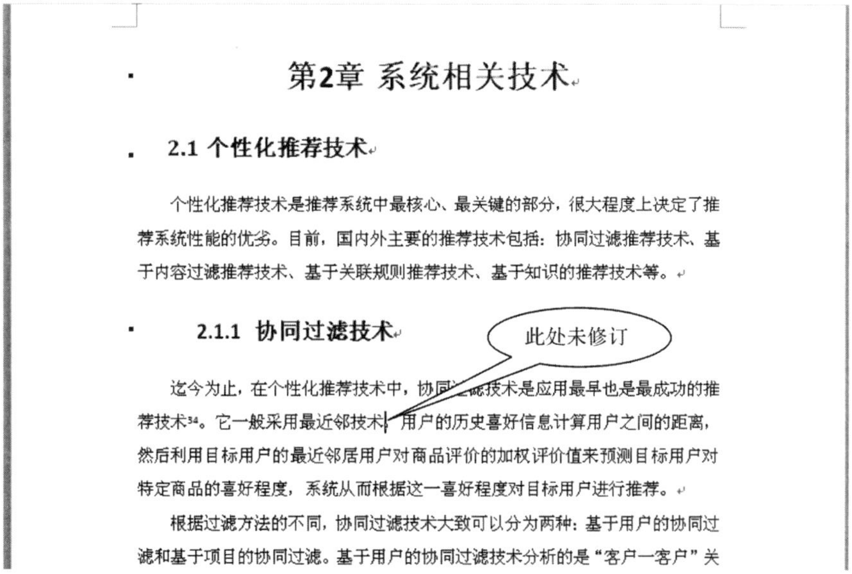

图 2-63　审阅修订后的文档

实验 4　毕业论文的排版

论文撰写只是第一步，为了清晰呈现论文内容，还要添加页眉页脚、页码、摘要、目录、图表索引、参考文献和附录等。

实验目的

1. 掌握文档的分节处理。
2. 掌握分节文档的多重页码的设置。
3. 掌握正文目录及图表索引的创建。
4. 掌握用域添加奇偶数页眉。
5. 掌握参考文献的引用及编号格式设置。

任务描述

1. 对目录区和正文区做分节处理。
2. 为目录区和正文区设置不同的页码格式。
3. 输入正文目录和图表索引。

4.提取章节标题做奇偶数页眉。

5.在正文中多次引用同一参考文献,为参考文献重新设置编号格式。

实验 4-1　论文分节和页码设置

论文一般由摘要、目录、正文、参考文献几部分构成,为清晰起见,目录区和正文区的页码通常分别编制,而节是页面设置的最小单位,因此,在论文撰写完成后进行排版时,首先要对论文进行分节处理。目录区采用"下一页"分节符,正文中每章页码从奇数开始,故需插入"奇数页"分节符。

操作步骤

步骤 1　在第一章标题前插入一空行,将光标定位于此空行,单击"页面布局"→"分隔符"→选择"分节符类型"的"下一页",如图 2-64 所示,单击"确定"按钮,在第一章前插入空白页。

在第一页后再次插入"下一页"分节符,以在正文前插入正文目录、图索引、表索引,单击"视图"→"文档视图"组→"草稿"命令,切换到"草稿视图",文中显示相应的分节符标记,如图 2-65 所示。

步骤 2　再次打开"分隔符"对话框,选择"奇数页"分节符,在每一章及参考文献前插入奇数页分节符,目录区及正文间的分节符标记如图 2-65 所示。

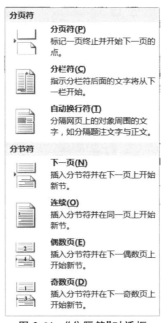

图 2-64　"分隔符"对话框

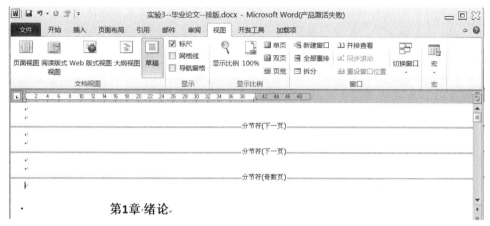

图 2-65　分节符标记

注意：因表索引之后即为正文第一章，所以表索引页后插入的是"奇数页"分节符，而不是"下一页"分节符。

步骤 3　单击"插入"→"页眉和页脚"组→"页码"→"页面底端"→"普通数字2"，在页面底端插入页码。

步骤 4　切换至"页眉和页脚工具设计"选项卡，单击"页眉和页脚"组→"页码"→"设置页码格式"命令，打开"页码格式"对话框，在"编号格式"下拉列表中选择"i，ii，iii，…"，并将起始页码设为"i"，如图 2-66 所示。

依次设置第 2 页和第 3 页的页码格式，在"页码格式"对话框中将"页码编排"设为"续前节"，将前 3 页页码设为罗马数字格式。

图 2-66　设置页码格式

步骤5 将光标定位到第一章任意位置，打开"页码格式"对话框，在页码格式中将"编号格式"设为阿拉伯数字"1,2,3,…"，将起始页码设为"1"，如图 2-66 所示。

依次设置各章的页码格式，在"页码格式"中将"页码编号"设为"续前节"，将所有正文页码设为阿拉伯数字格式。

注意：目录区和正文区不同的页码格式编排效果参见后文图 2-69。

实验 4-2　创建正文目录和图、表索引

操作步骤

步骤1 将光标定位于目录区的第一页，输入"目录"两字，并应用样式"标题1"，删除编号"第 1 章"，居中对齐。

步骤2 在"目录"后插入一空行，样式为"正文"，单击"引用"→"目录"组→"目录"→"插入目录"命令，打开"目录"对话框，如图 2-67 所示。

步骤3 单击"选项"按钮，打开"目录选项"对话框，取消"大纲级别"前的"√"，如图 2-68 所示，单击"确定"按钮。

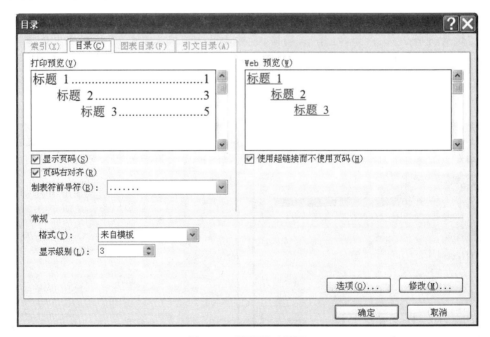

图 2-67　"目录"对话框

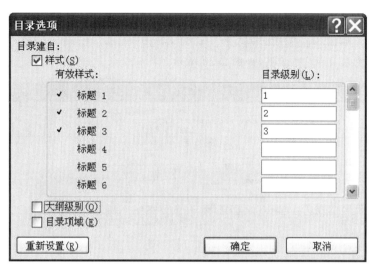

图 2-68 “目录选项”按钮

步骤 4 在“目录”对话框中,用“制表符前导符”设置标题与页码之间的连接符,设为“……”,在“格式”下拉框中选择“来自模板”,在“显示级别”数值框中设为“3”,单击“确定”按钮,则按照标题级别自动生成目录,如图 2-69 所示。此时目录与正文产生链接关系,单击任一目录,则定位到相应正文页码。

目录

目录 i
图索引 ii
表索引 iii
第 1 章 绪论 1
1.1 课题背景 1
1.2 研究意义 1
1.3 国内外研究现状 2
1.4 论文章节安排 2
第 2 章 系统相关技术 5
2.1 个性化推荐技术 5
2.1.1 协同过滤技术 5
2.2 系统开发工具 5
第 3 章 系统分析 7
第 4 章 系统设计和实现 9
4.1 系统功能设计 9
4.1.1 系统框图 9
4.1.2 购物流程 9
4.2 数据库设计 10
4.3 系统实现 10
第 5 章 总结 11
参考文献 13

图 2-69 使用标题样式生成的正文目录

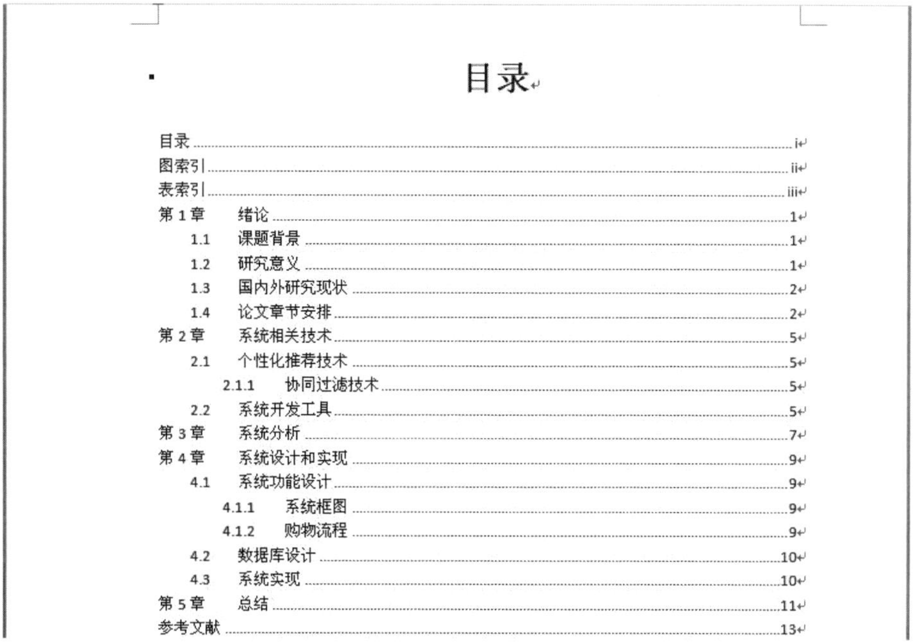

步骤 5 光标定位到第 2 页图索引页,同步骤 1 将"图索引"设为"标题 1"样式,居中对齐,其后插入一空行,样式为"正文",单击"引用"→"题注"组→"插入表目录",打开"图表目录"对话框,如图 2-70 所示。

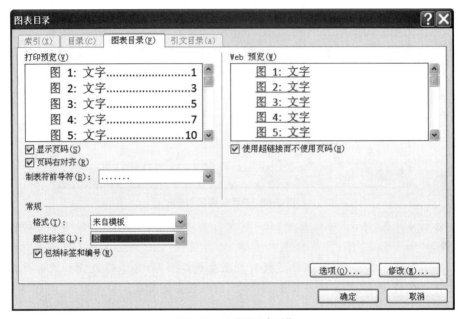

图 2-70 设置"图索引"

步骤 6 在"题注标签"中选择"图",其他按默认设置,单击"确定"按钮,为论文插入图索引,如图 2-71 所示。

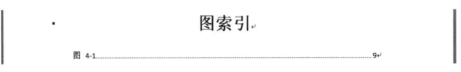

图 2-71 正文中的图索引

步骤 7 定位到第三页表索引中,在"图表目录"选项卡中的"题注标签"中选择"表",其他同步骤 5、6,为论文插入表索引,如图 2-72 所示。

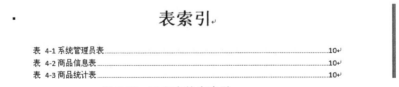

图 2-72 正文中的表索引

实验 4-3 提取章节标题做奇偶数页眉

论文中的页眉可以动态地显示当前章标题或节标题，通过对域的操作即可实现。

操作步骤

步骤 1 单击"页面布局"→"页面设置"组，在"页面设置"对话框中选择"版式"选项卡，选中"奇偶页不同"，选择应用于"本节"，如图 2-73 所示，单击"确定"按钮。

步骤 2 选中第一章的第 1 页，单击"插入"→"页眉和页脚"组→"页眉"→"编辑页眉"，光标自动进入页眉区，并切换到"页眉和页脚工具设计"选项卡。

可以看到，所有页面都显示了奇偶数页眉和页脚设置状态，包括目录和图表索引页，如图 2-74 所示，而我们要求在正文显示页眉，目录区不显示页眉。

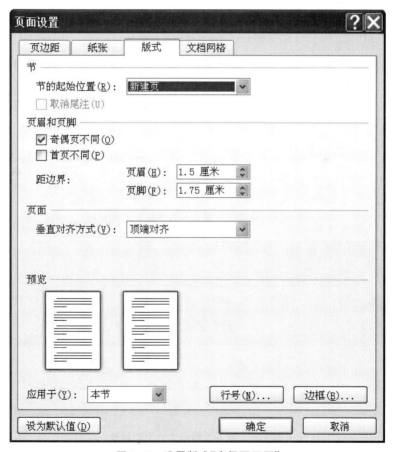

图 2-73 设置版式"奇偶页不同"

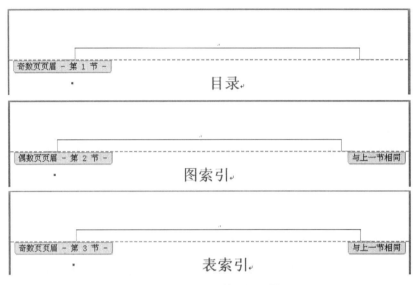

图 2-74　目录区的页眉设置

步骤3　定位到第 1 章页眉处，单击"导航"组→"链接到前一条页眉"命令，如图 2-75 所示，取消与上一节的链接，可以看到第 1 章奇数页页眉中"与上一节相同"字样消失，如图 2-76 所示，而第 1 章偶数页页眉仍有"与上一节相同"字样。

图 2-75　取消正文页眉与目录区页眉的链接

图 2-76　取消页眉与上一节的链接

单击"导航"组的"下一节",将光标移到偶数页页眉,同样取消"链接到前一条页眉",取消目录区中偶数页页眉的设置。

步骤4 光标定位到奇数页页眉,单击"插入"→"文档部件"→"域"命令,打开"域"对话框,在"类别"中选择"链接和引用",在"域名"列表框中选择"StyleRef",在"样式名"中选择"标题1",在"域选项"中选中"插入段落编号",如图2-77所示,单击"确定"按钮,在页眉中插入章标题的编号,如"第1章"。

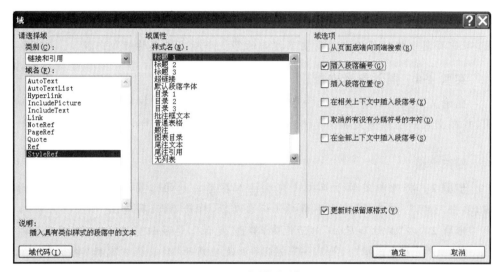

图2-77 "域"对话框

重复上述步骤,在"域选项"中选中"插入段落位置",在页眉中插入章标题的文本内容,如"绪论",奇数页页眉设置如图2-78所示。

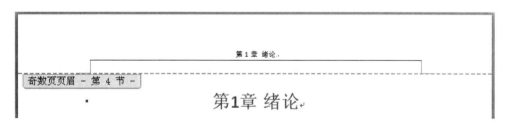

图2-78 奇数页页眉

步骤5 单击"导航"组的"下一节",将光标移到偶数页页眉,将光标定位到第1章的偶数页页眉,打开"域"对话框,除"域"对话框中的"样式名"设为"标题2"外,其他皆同步骤4,在页眉的偶数页插入节标题,单击"关闭页眉和页脚",偶数页页眉如图2-79所示。

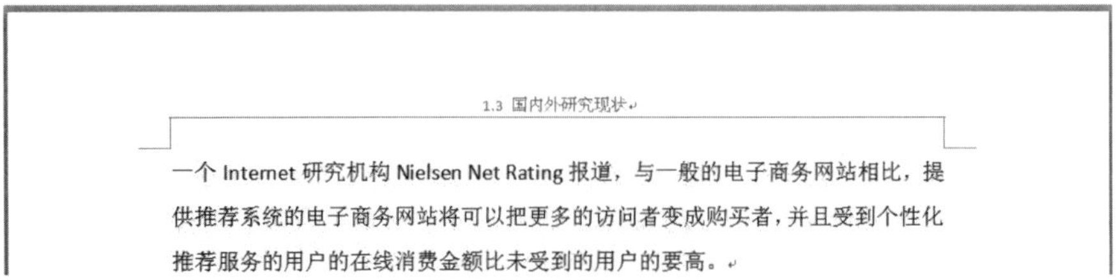
1.3 国内外研究现状
一个 Internet 研究机构 Nielsen Net Rating 报道，与一般的电子商务网站相比，提
供推荐系统的电子商务网站将可以把更多的访问者变成购买者，并且受到个性化
推荐服务的用户的在线消费金额比未受到的用户的要高。

图 2-79　偶数页页眉

后续章节的奇偶数页眉自动按第 1 章的格式设置，以后每次设置新的章节标题，当前页眉中将显示从当前页向下搜索的第 1 个指定样式的标题内容。

实验 4-4　插入参考文献

在论文中凡是引用他人已发表文献中的观点、数据和材料时，都要在文中标明，并在文末列出参考文献。具体步骤如下。

操作步骤

步骤 1　将光标定位于正文中需要插入参考文献的位置，通常位于标点符号前，单击“引用”→“脚注”组右下角对话框启动器，打开“脚注和尾注”对话框。

步骤 2　在“脚注和尾注”对话框中，单击“尾注”，尾注位置选择“文档结尾”，在“编号格式”列表中选择“1，2，3，…”，在“将更改应用于”列表框中选择“整篇文档”，如图 2-80 所示。单击“插入”按钮，Word 自动插入尾注编号，并将光标定位至尾注页面，如图 2-81 所示。

脚注和尾注
位置
脚注(F): 页面底端
尾注(E): 文档结尾
转换(C)...
格式
编号格式(N): 1, 2, 3, …
自定义标记(U):
符号(Y)...
起始编号(S): 1
编号方式(M): 连续
应用更改
将更改应用于(P): 整篇文档
插入(I)
取消
应用(A)

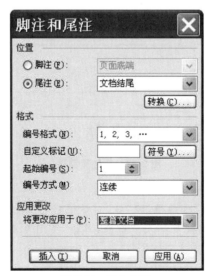

图 2-80　插入尾注

图 2-81　著录参考文献

步骤 3　单击"视图"→"草稿"命令，切换到"草稿"视图模式，单击"引用"→"脚注"组→"显示备注"命令，光标定位至尾注窗格，如图 2-82 所示。

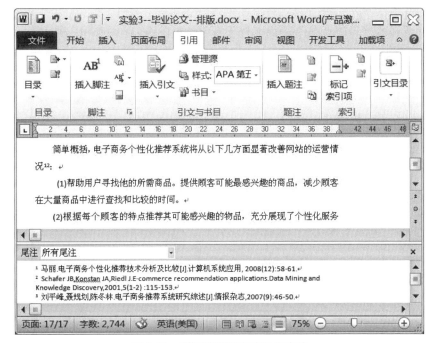

图 2-82　"草稿"视图中的尾注窗格

步骤 4　在"尾注"右侧列表框中选择"尾注分隔符"，选中尾注分隔符横线，按Delete 键删除该横线。尾注的参考文献内容超过一页时，默认情况下将出现尾注延续分隔符，可以"尾注"列表框中选择"尾注延续分隔符"，选中尾注延续分隔符横线，按 Delete 键删除。

步骤 5　单击"视图"→"页面视图"命令，恢复页面视图模式。

实验 4-5　在正文中多次引用同一文献

按照规定，多次引用同一作者的同一文献时，只能编制一个序号，不能通过插入尾注的方式对该文献进行二次或多次引用。并且，在论文编辑过程中，引用参考文献的次序或数量会发生变化，这就要求引用同一文献的编号也能相应地自动改变，使用交叉引用可以解决这些问题。

操作步骤

步骤 1　将光标定位在二次引用文献的位置，单击→"引用"→"交叉引用"命令，打开"交叉引用"对话框。

步骤 2　在"引用类型"列表框中选择"尾注"，在"引用内容"列表框中选择"尾注编号（带格式）"，选中"插入为超链接"复选框，在"引用哪一个尾注"列表框中选择"i 马丽.电子商务个性化推荐技术分析及比较……"，如图 2-83 所示，单击"插入"按钮，在当前光标处插入该尾注编号的带有格式的交叉引用，如图 2-84 所示。

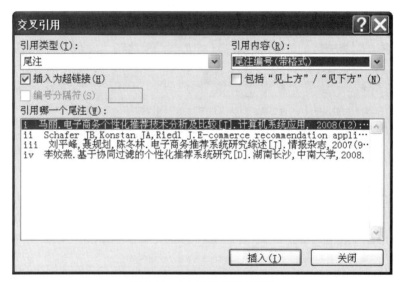

图 2-83　"交叉引用"对话框

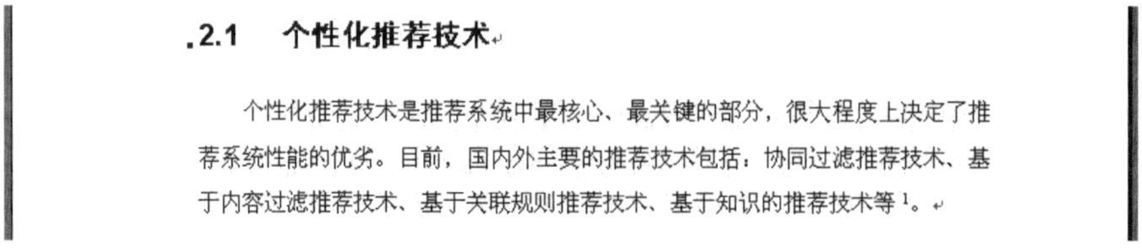

.2.1　个性化推荐技术

个性化推荐技术是推荐系统中最核心、最关键的部分，很大程度上决定了推荐系统性能的优劣。目前，国内外主要的推荐技术包括：协同过滤推荐技术、基于内容过滤推荐技术、基于关联规则推荐技术、基于知识的推荐技术等[1]。

图 2-84　参考文献的交叉引用

步骤 3 单击"关闭"按钮,关闭"交叉引用"对话框。

注意:交叉引用实质上是通过域来完成的,所以当论文中更改了对参考文献的引用时,可选中全文并按 F9 更新域来完成对尾注编号引用的更新。

实验 4-6 为参考文献的编号添加方括号

操作步骤

一、为正文与尾注参考文献编号添加方括号

步骤 1 将光标定位于正文的起始位置,单击"编辑"→"替换"命令,打开"查找和替换"对话框。

步骤 2 在"查找内容"文本框中输入"^e",在"替换为"文本框中输入"[^&]",如图 2-85 所示,单击"全部替换"按钮,即可为所有参考文献的编号加上方括号,如图 2-86 所示。

图 2-85 "查找和替换"对话框

简单概括,电子商务个性化推荐系统将从以下几方面显著改善网站的运营情况[1][2]。

1) 帮助用户寻找他的所需商品。提供顾客可能最感兴趣的商品,减少顾客在大量商品中进行查找和比较的时间。

(a)正文参考文献的编号格式

参考文献

[1] 马丽.电子商务个性化推荐技术分析及比较[J].计算机系统应用,2008(12):58-61.
[2] Schafer JB,Konstan JA,Riedl J.E-commerce recommendation applications.Data Mining and Knowledge Discovery,2001,5(1-2):115-153.
[3] 刘平峰,聂规划,陈冬林.电子商务推荐系统研究综述[J].情报杂志,2007(9):46-50.
[4] 李姣燕.基于协同过滤的个性化推荐系统研究[D].湖南长沙,中南大学,2008.

(b)尾注参考文献的序号格式

图 2-86 为参考文献的编号添加方括号

注意:若为新插入参考文献的编号添加方括号时,最好将光标定位于该引用前,单击"查找下一处"按钮,再单击"替换"按钮,不要"全部替换",否则会将文档中已加好方括号的编号再加一个方括号。

"^e"表示查找尾注标记,"^&"表示返回查找的内容;查找脚注标记可用"^f";若要为尾注标记和脚注标记都加上方框号,可以查找"^2"。

二、为多次引用同一文献的交叉引用文献编号添加方括号

步骤 1 按下"Alt+F9"组合键,显示文档中所有的域代码,如图 2-87 所示。

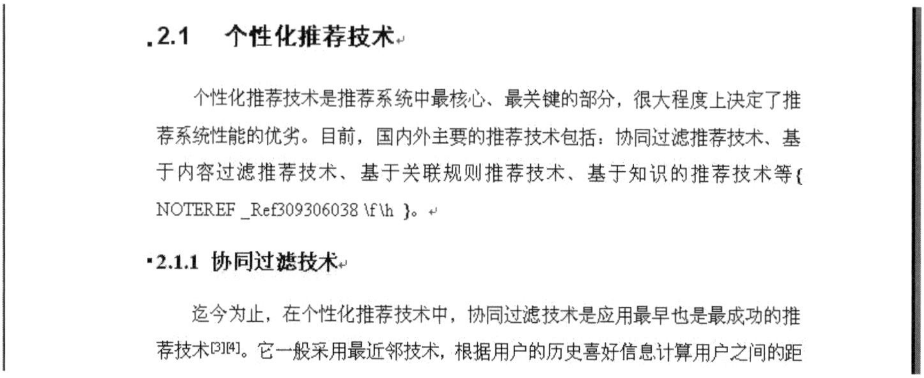

.2.1   个性化推荐技术

个性化推荐技术是推荐系统中最核心、最关键的部分,很大程度上决定了推荐系统性能的优劣。目前,国内外主要的推荐技术包括:协同过滤推荐技术、基于内容过滤推荐技术、基于关联规则推荐技术、基于知识的推荐技术等{ NOTEREF _Ref309306038 \f \h }。

·2.1.1 协同过滤技术

迄今为止,在个性化推荐技术中,协同过滤技术是应用最早也是最成功的推荐技术[3][4]。它一般采用最近邻技术,根据用户的历史喜好信息计算用户之间的距

图 2-87   在论文中显示域代码

步骤 2 打开"查找和替换"对话框,在"查找内容"文本框中输入"^d NOTEREF",在"替换为"文本框中输入"[^&]",单击"更多"按钮,如图 2-88 所示。

步骤 3 将光标定位于"替换为"文本框内,单击"格式"按钮→"样式"命令,打开"替换样式"对话框,在"替换样式"中选择"尾注引用",如图 2-89 所示,单击"确定"。

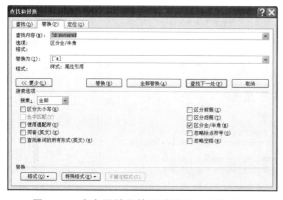

图 2-88   为交叉引用的文献编号添加方括号

图 2-89   "替换样式"对话框

步骤 4 在"查找和替换"对话框,单击"全部替换"按钮,为交叉引用参考文献的编号加上方括号。

步骤 5 再次按下"Alt＋F9"组合键,显示域结果,添加方括号的交叉引用编号如图 2-90 所示。

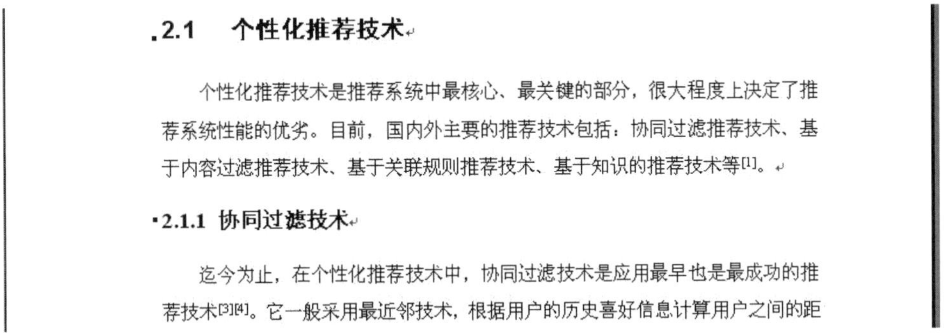

2.1　个性化推荐技术

　　个性化推荐技术是推荐系统中最核心、最关键的部分,很大程度上决定了推荐系统性能的优劣。目前,国内外主要的推荐技术包括:协同过滤推荐技术、基于内容过滤推荐技术、基于关联规则推荐技术、基于知识的推荐技术等[1]。

2.1.1　协同过滤技术

　　迄今为止,在个性化推荐技术中,协同过滤技术是应用最早也是最成功的推荐技术[3][4]。它一般采用最近邻技术,根据用户的历史喜好信息计算用户之间的距

图 2-90　为交叉引用加上方括号

注意:"^d"和"NOTEREF"之间必须加一个半角的空格。

　　"^d"表示查找域标志,必须在显示域代码后才能进行域的查找。"^d NOTEREF"表示查找尾注的交叉引用域,在"替换为"设置其格式为"尾注引用样式",使插入的方括号保持一致格式。

实验 5　创建信函模板

　　Word 中的模板分为共用模板和文档模板两类。共用模板包括 Normal 模板和加载为共用的文档模板。Normal 模板是指可用于任何文档类型的共用模板,并且是可修改的。Normal 模板中所含的设置适用于所有的文档。

　　文档模板中所含的设置仅适用于以该模板为基础创建的文档,通常情况下,文档模板默认保存在"Templates"文件夹中,用户可以自己设置模板的保存位置。

注意:XP 系统用户默认模板路径一般是 C:\Documents and Settings\Administrator\Application Data\ Microsoft\Templates 。

　　Windows 7 系统用户默认模板路径一般是 Users\Administrator\AppData\Roaming\ Microsoft\ Templates。

实验目的

掌握模板的创建、应用、修改和保存。

任务描述

1. 将公司的名称、logo、电话、传真、地址设为模板的页眉和页脚。

2. 设置模板的图片水印背景。

3. 定义模板文档的样式和格式。

4. 保存模板。

实验 5-1　制作信纸背景

时至今日,商务信函不再是单一的白纸黑字,不但有色彩的点缀,还可以将公司的 logo 或名称作为背景文字,加深客户对公司的印象,间接起到广告宣传的作用。

操作步骤

步骤 1　单击"页面布局"→"纸张大小"→选择"A4"。

步骤 2　单击"页面布局"→"页边距"→"自定义边距",打开"页面设置"对话框,在"页边距"选项卡中将上、下、左、右边距设为 2.54 厘米,应用于"整篇文档"。

步骤 3　单击"页面布局"→"水印"→"自定义水印",打开"水印"对话框,选择"图片水印",单击"选择图片"按钮,打开"插入图片"对话框,选中需要的图片,单击"插入"按钮,在"水印"对话框中选中"冲蚀"复选框,如图 2-91 所示。

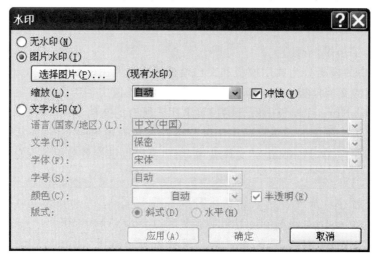

图 2-91　插入背景图片

步骤 4 切换至"艺术字工具格式"选项卡,选择艺术字样式 10,输入文字 "Tong Cheng Logistics",将环绕方式设为"衬于文字下方"。

步骤 5 选中该艺术字,单击"阴影效果"组 →"阴影效果"→"透视阴影"→"阴 影样式 9",复制该艺术字多次,并拖至正文适当区域,选择几个艺术字改变阴影样 式,丰富背景效果,如图 2-92 所示。

图 2-92 信函背景效果

注意:图片和公司名称只是起到背景装饰的作用,如果太明显会转移阅读 者对信函正文的关注度,所以要设置淡淡的水印效果。

实验 5-2   制作信函页眉和页脚

操作步骤

步骤 1   单击"插入"→"页眉"→"编辑页眉"命令进入页眉编辑,切换至"艺术字工具格式"选项卡,插入艺术字样式 17,输入文字"Tong Cheng Logistics",字号设为 24。

步骤 2   单击"插入"→"文本框"→"横排",输入文字"同程物流　与你携手",字体设为"华文新魏"、"二号"。

选中该文本框,切换至"绘图工具格式"选项卡,打开"设置形状格式"对话框,将"填充"设为"无填充",将"线条"颜色设为"无线条",将该文本框拖至与艺术字重叠,调整艺术字大小,使之与文本框内文字协调。

步骤 3   单击"插入"→"图片",打开"插入图片"对话框,选择公司 logo 图片,设置其环绕方式为"衬于文字下方",拖至页眉右侧,效果如图 2-93 所示。

步骤 4   单击"插入"→"剪贴画",打开"剪贴画"窗格,在"搜索文字"下文本框输入"水平线",单击"搜索"按钮,在"剪贴画"列表框中选择一种"水平线",单击插入该水平线,调整长度以适应整个页眉长度,设置其环绕方式为"穿越型",效果如图 2-93 所示。

图 2-93   信函页眉

> **注意**:如何消除页眉中的横线。选中页眉所在行(一定要包括换行符),单击"开始"→"段落"组→"边框和底纹",打开"边框和底纹"对话框,选中"边框"选项卡,设置边框"无",如图 2-94 所示,单击"确定"按钮,即可消除页眉中的横线。

步骤 5   切换至"页眉和页脚工具设计"选项卡,单击"导航"组→"转至页脚"命令,切换到页脚编辑,输入公司电话、传真及地址,如图 2-95 所示。

步骤 6   单击"插入"→"形状"→"直线"命令,在页脚文字上方绘制一条直线,打开"设置形状格式"对话框,将线条颜色设为"白色,背景,深色 25%",将线形宽度设为"3 磅",效果如图 2-95 所示,单击"关闭页眉和页脚"按钮,退出页眉和页脚编辑。

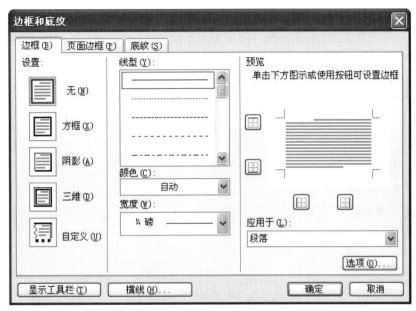

图 2-94　删除页眉中的横线

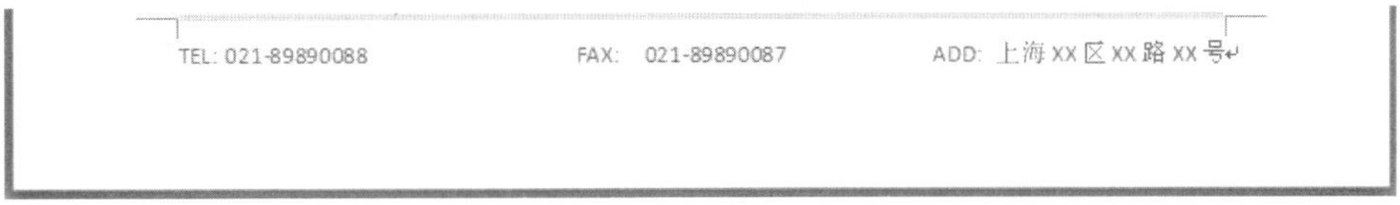

TEL: 021-89890088　　　　　FAX:　021-89890087　　　　ADD: 上海 XX 区 XX 路 XX 号↵

图 2-95　信函页脚

实验 5-3　保存为信函模板

商务信函中称呼用语、署名等内容及格式通常都是固定的,可将其定义为模板,以后创建信函时,这些内容就可以自动生成了。

操作步骤

步骤 1　在信函正文区输入称呼、署名、时间等文字内容。

步骤 2　单击"开始"→"样式"组右下角的对话框启动器,单击"样式"窗格 →"新建样式"命令,打开"根据格式设置创建新样式"对话框,样式名为"称谓",字体设为"华文行楷"、"三号"。

新建样式"署名",将字体设为"仿宋"、加宽 1 磅、"四号",设置"右对齐"、"1.5倍行距"。

步骤 3　将称呼"尊敬的先生/女士"应用样式"称谓",将署名"杭州同程物流有限公司"及日期应用样式"署名"。

步骤 4 单击"文件"→"另存为",打开"另存为"对话框,输入模板名称"公司信函模板",保存类型为"启用宏的 Word 模板(*. dotm)",如图 2-96 所示,单击"保存"按钮,将新建的模板保存在指定文件夹中。

图 2-96 保存模板

实验6 使用模板和邮件合并创建及发送邀请函

实验目的

使用邮件合并发送批量信函。

任务描述

1.编辑主文档。

2.向主文档插入合并域。

3.完成合并生成多个文档。

4.给指定的收件人发送信函。

实验 6-1 使用模板生成会议邀请函

操作步骤

步骤 1 单击"文件"→"新建"→"可用模板"→"我的模板",打开"新建"对话框,选择实验 5 中创建的"公司信函模板",如图 2-97 所示,在"新建"区域选择"文档",单击"确定"按钮,则按"公司信函模板"新建"文档 1"。

图 2-97 选择自定义模板

公司信函模板是通用的,可以制作邀请函,也可以是一般的商务往来信件,所以一些特殊的用语和格式需根据情况自定义。

步骤 2 在称呼前输入会议名称和邀请函字样,再依次输入被邀请人姓名、正文、日期,如后文图 2-100 所示。

 注意:姓名也可由邮件合并添加,详见实验 6-2。

步骤 3 打开"样式"窗格,单击"新建样式"按钮,打开"根据格式设置创建新样式"对话框,在"名称"框中输入"信函标题",格式设为"华文新魏"、"小初"、"加粗"、"居中"、"段前距 0.5 行"、"段后距 0.5 行"、"2 倍行距",选择"基于该模板的新文档",如图 2-98 所示。

新建样式"信函副标题",格式设为"黑体"、"小二"、"居中",选择"基于该模板的新文档"。

单击"保存"按钮,弹出模板保存提示框,如图 2-99 所示,单击"是"按钮,将新增的样式保存到模板中。

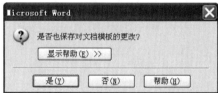

图 2-98　新建样式　　　　　　　　图 2-99　将新建样式保存到模板

步骤 4　将会议名称应用样式"信函副标题","邀请函"应用样式"信函标题",效果如图 2-100 所示,单击"保存"按钮保存邀请函。

图 2-100　邀请函效果图

实验 6-2 使用邮件合并发送邀请函

在商务和行政办公中，经常需要批量发送信函，一个一个地创建比较繁琐，虽然信函大部分的内容是相同的，但也有变化的部分，因此，使用 Word 的邮件合并功能可以简化工作。

操作步骤

步骤 1 打开实验 6-1 生成的邀请函，重命名为"客户通知范本.docx"后保存，单击"邮件"→"开始邮件合并"→"邮件合并分步向导"命令，如图 2-101 所示。打开"邮件合并"任务窗格，如图 2-102 所示，在"选择文档类型"中选择"信函"，单击"下一步"。

 注意：邮件合并可以选择的文档大同小异，但分别用于不同场合。

信函：将信函发送给一组人；

电子邮件：将电子邮件发送给一组人；

信封：打印成组邮件的带地址信封；

标签：打印成组邮件的地址标签；

目录：创建包含目录或地址打印列表的单个文档。

图 2-101 开始邮件合并命令

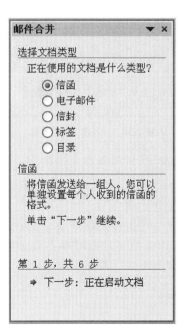

图 2-102 "邮件合并"窗格

步骤 2　在"选择开始文档"中选择"使用当前文档",从当前打开的文档创建信函,单击"下一步:选取收件人",如图 2-103 所示。

步骤 3　在"选择收件人"中选中"使用现有列表",如图 2-104 所示,单击"浏览",打开"选取数据源"对话框,改变默认路径,到用户目录下选择客户地址文件,单击"打开"按钮,如图 2-105 所示,打开"选择表格"对话框,如图 2-106 所示。

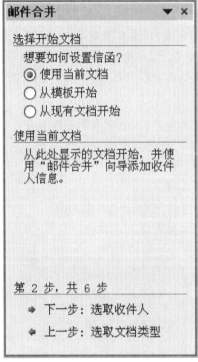

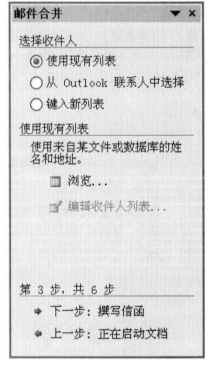

图 2-103　选择开始文档　　　　图 2-104　选择收件人

在"选择表格"对话框中选择"sheet1＄",单击"确定"按钮,打开"邮件合并收件人"对话框,如图 2-107 所示,默认全选,单击"确定"按钮,返回"邮件合并"窗格,单击"下一步:撰写信函"。

步骤 4　将光标移至称呼"尊敬的"之后,在"撰写信函"中单击"其他项目"链接,如图 2-108 所示;打开"插入合并域"对话框,如图 2-109 所示;在"域"列表框中选择"客户姓名",单击"插入"按钮,再单击"关闭"按钮,在当前光标处插入合并域"《客户姓名》",如图 2-110 所示,在"邮件合并"窗格单击"下一步:预览信函"。

图 2-105　选择数据源

图 2-106　选择表格

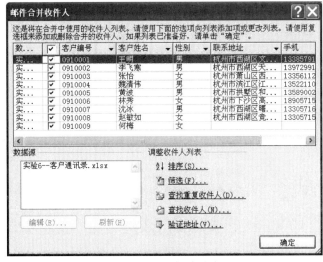

图 2-107　选择收件人

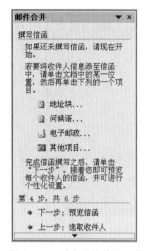

图 2-108 选择"其他项目"

图 2-109 插入客户姓名域

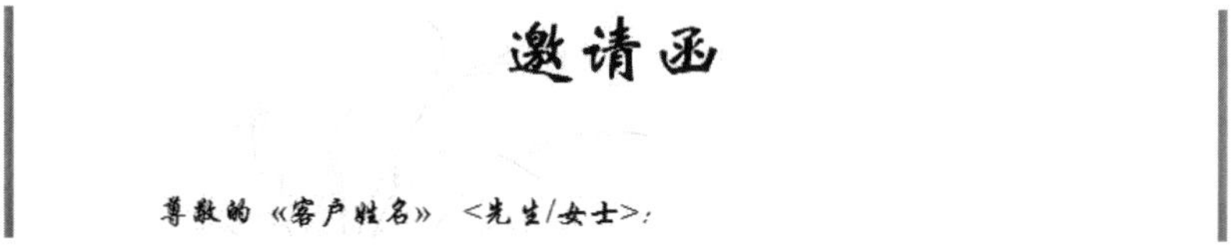

邀请函

尊敬的《客户姓名》 <先生/女士>：

图 2-110 插入合并域后的效果

步骤 5 在"预览信函"中单击收件人"下一个"按钮，查看下一个收件人，如图 2-111 所示；邀请函正文中显示下一个收件人的信息，如图 2-112 所示。

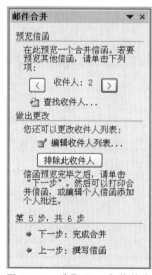

图 2-111 选取下一个收件人

图 2-112　显示下一个收件人

步骤 6　在"邮件合并"窗格单击"下一步：完成合并"；在"合并"区域中选择"编辑个人信函"，如图 2-113 所示，打开"合并到新文档"对话框。

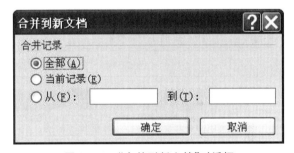

图 2-113　编辑个人信函　　　　图 2-114　"合并到新文档"对话框

在"合并记录"中选择"全部"，如图 2-114 所示；单击"确定"按钮，生成合并后的新文档"信函 1"，所有的域用相应的数据库项代替，信函内容为纯文本，选中的文字不再显示域底纹，如图 2-115 所示。

图 2-115　合并后的纯文本信函

步骤 7　单击"保存"按钮，将合并后的文档"信函 1"保存为"客户邀请函.docx"。

实验 6-3　向指定收件人发送邀请函

并不是每次的信函都要发给通讯录中的每个人,信函的主题和内容不同,选择的收件人也不同,在邮件合并过程中可以指定收件人。

步骤 1　在实验 6-2 邮件合并向导的第 5 步,在"做出更改"区域单击"编辑收件人列表"链接,如前文图 2-111 所示,打开"邮件合并收件人"对话框。

步骤 2　在"邮件合并收件人"对话框中,单击"联系地址"左侧的下拉箭头,单击"高级"命令,打开"筛选和排序"对话框,选择"排序记录"选项卡,在"排序依据"列表中选择"性别",默认"升序",如图 2-116 所示;单击"确定"按钮,则收件人列表按指定的条件重新排序,如图 2-117 所示。

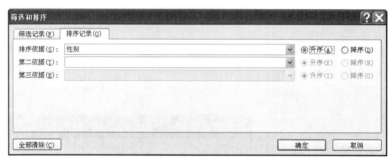

图 2-116　"筛选和排序"对话框

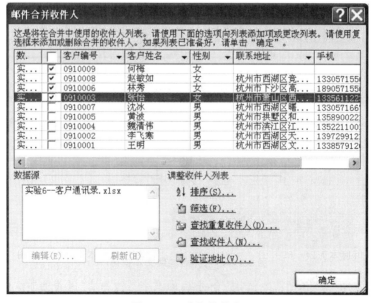

图 2-117　选取收件人

步骤 3 在"邮件合并收件人"对话框中单击"全部清除"按钮,鼠标单击记录前的复选框,重新选取收件人,如选中所有的女客户,如图 2-117 所示。单击"确定"按钮,之后继续跟随向导操作,合并后的文档只包括选中的收件人而不是全部收件人。

实验练习题

练习 1

1.绘制如图 2-20 所示的斜线表头。

2.设置图 2-20 表格的表格样式为"浅色底纹—强调文字颜色 3"。

3.当一张表格跨越多页时,设置在每一页的表格中都显示标题行(用两种方法)。

4.在图 2-20 所示的表格最后添加一行平均销量,计算每家店月平均销售量。

练习 2

设计一张产品宣传海报,要求如下:

1.根据产品宣传内容设计版面,合理布置宣传口号、说明文字、图片的位置,使用直线、形状、艺术字、边框和底纹美化版面。

2.设置艺术字、图片、形状的阴影效果和三维效果。

练习 3

制作专业就业调研分析报告,或任选一主题撰写一份分析报告,要求:

1.报告应包含调研背景、基本统计信息及数据分析、调查结论。

2.调查背景一般包括调研主题、调研内容、调研目的、调研对象等。

3.统计信息及数据分析要用图表说明。

4.调查结论包括行业发展现状、存在问题、岗位需求与人员需求、就业形势、就业现状分析、就业反馈、调研启示等。

5.排版要求:使用样式、表格自动计算减少排版和数据汇总的工作量,使用图片、表格、图表、图形增强说明文字的可理解性,使用分节、页眉完善页面设置。

练习 4

对科技论文进行排版,要求如下:

1.新建样式,保存为"科技论文模板"。

(1)新建样式"中文标题",格式设为二号、加粗、居中,段前、段后距为18磅;

(2)新建样式"英文标题",格式设为14磅、加粗、居中,段前、段后距为12磅;

(3)新建样式"作者名",格式设为小四、居中、1.5倍行距;

(4)新建样式"英文作者名",格式设为9磅、居中,段前、段后距为6磅;

(5)新建样式"作者单位",格式设为小五号、居中、1.5倍行距;

(6)新建样式"摘要",格式设为小四、加粗;

(7)新建样式"Abstract",格式设为9磅、加粗;

(8)新建样式"论文正文",格式设为中文字体为宋体、五号,英文字体为"Times New Roman",10磅。

2.英文标题所有实词第一个字母大写,"Abstract"、"Key words"第一个字母大写,"Key words"行段后距为12磅。

3.论文章节编号采用三级标题顶格排序。一级标题为"1,2,3…"排序,二级标题为"1.1,1.2…;2.1,2.2…",三级标题为"1.1.1,1.1.2…",从引言开始排序。

4.一级标题格式设为小四、加粗,段前、段后距为12磅;二级标题格式设为五号、加粗,段前、段后距为6磅;三级标题格式设为五号、加粗,段前、段后距为6磅。

5.设置论文页眉页脚:

(1)首页页眉为期刊名称居中,卷、期、年居右,首页不排页码;

(2)奇数页页眉为期刊名称居中,页码居右;

(3)偶数页页眉为论文作者和论文名称居中,页码居左。

6.论文正文分2栏,栏宽为20字符,栏距为2字符。

7.所有图名、表名为小五号字、居中,图表应尽量靠近正文所提及之处,图表内文字用小五号字;表名在表上方,图名在图下方。

8.公式居中,所有符号用正体,注意字号与正文字号大小统一。

9.参考文献格式:

(1)"参考文献"4字格式同一级标题,各文献采用小五号字;

(2)论文中引用的参考文献应以序号注明,如[1]、[2]、[3],序号按照在文章中引用的先后顺序排列,并与论文后面所列的参考文献对应;

(3)文献中的作者署名,不多于3人应全部著录;超过3人的,在第3人后加"等"(et al)。无论中英文署名,一律姓前名后。

(4)参考文献著录方法及书写规范如下:

期刊:[序号]作者名1,名2,名3,等.文章名[J].杂志名,年,卷(期):文章起止页码.

专著:[序号]著者名.书名[M].出版社所在城市名:出版社名,出版年份.

论文集:[序号]文章作者名.文章名[C]//论文集编者.文集名.出版社所在城市名:出版社名,出版年份:文章起止页码.

练习 5

1.使用合并域对性别进行筛选,自动完成客户称谓的调整。

2.制作公司复试和聘用通知,要求如下:

(1)使用传真发送复试通知,正文内容包括复试者姓名、成绩和复试时间。

①用模板创建传真。

②使用邮件合并发送复试通知。

③向前 10 名面试者发送复试通知。

(2)制作公司聘书,并保存为模板。

①合理设置聘书纸张大小、布局。

②设置聘书背景颜色、花纹或水印图片,并将公司名称设为水印背景。

③定义标准聘书内容及格式,包括抬头称呼、署名和日期。新建样式"称谓",格式为楷体、小二号字体、1.5 倍行距、左对齐;新建样式"信文",格式为宋体、四号,首行缩进 2 字符,段前、段后距为 0.5 行,1.5 倍行距;新建样式"署名",格式为楷体、小二号字体、1.5 倍行距,右对齐。

④将模板保存到用户自定义文件夹下。

第 3 章　Excel 高级操作实验

本章知识点

1.数据输入技巧和方法。

2.公式与财务、文本、日期与时间、查找引用和统计等函数的应用。

3.数据分析与处理。

4.数据透视表与数据透视图。

实验 1　数据的输入

实验目的

在了解和熟悉 Excel 基本操作的基础上,学会 Excel 中数据输入的技巧和常用数据的输入方法:

1.掌握位数较长的数据的录入方法以及以 0 开头的数据的输入方法。

2.掌握自定义下拉列表的设置方法。

3.利用自定义序列进行数据的填充。

4.利用条件格式对输入的数据进行设置。

5.掌握数据的舍入方法。

任务描述

建立员工基本情况表,具体要求如下:

1.该表包括的基本信息有:序号、姓名、身份证号码、出生日期、职务和基本工资,用自定义序列将其横向填充。

2.序号的输入要求:从"01"开始,向下自动填充。

3.身份证号码的输入要求:18 位身份证号码。

4.出生日期暂时不输入数据。

5.职务的输入要求:自定义下拉列表,包括数据项"高级工程师"、"工程师"和"助理工程师"。

6.基本工资的输入要求:货币格式,小数位数为 2 位,货币符号为"￥"。

7.在基本工资右侧增加一列——取整后的工资,对"基本工资"取整到"元"后填充到该列,其格式仍保持货币格式,小数位数为 0 位,货币符号为"￥"。

8.在取整后工资右侧增加一列——工资的中文大写金额,输入"取整后工资"一列对应的中文大写。

9.将取整后工资金额少于 2000 元(不含 2000 元)的单元格底纹设置为黄色。

10.为整个表格添加标题:"员工基本情况表"。格式为:合并居中,黑体,16 号;为表格(除标题外)添加"田"字形细边框实线。

操作步骤

步骤 1 输入表格的列标题。

1.选择"文件"菜单→"选项"命令,在弹出的"Excel 选项"对话框中选择"高级"选项卡,然后在"常规"项下单击"编辑自定义列表"按钮。

2.在"自定义序列"列表框中选择"新序列"选项,然后在"输入序列"编辑框中输入序号、姓名、身份证号码、出生日期、职务和基本工资 6 个元素,在键入每个元素后,按 Enter 键,如图 3-1 所示。

图 3-1 自定义序列的设置

3.整个序列输入完毕后,单击"添加"按钮;新建立的序列在"自定义序列"列表框的最下面可以看到,最后单击"确定"按钮完成自定义序列的创建。

4.在 B1 单元格中输入"序号",利用填充柄向右填充,完成表格列标题的输入,如图 3-2 所示。

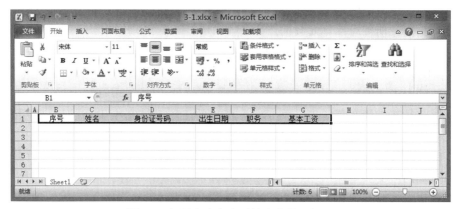

图 3-2 运用自定义序列填充表格列标题

步骤 2 按要求输入序号、姓名和身份证号码。

1.将光标定位在 B2 单元格,输入英文状态下的"'01",然后利用填充柄直接向下填充,完成"序号"列的输入,如后文图 3-5 的 B 列所示。

2.如后文图 3-5 的 C 列所示,输入姓名。

3.选定 D2:D11 单元格,选择"开始"选项卡→"单元格"组→"格式"→"设置单元格格式"命令,在弹出的"设置单元格格式"对话框中选中"数字"选项卡,在"分类"列表框中选择"文本"选项,单击"确定"按钮退出;再按照后文图 3-5 的 D 列所示,输入相应的身份证号码。

步骤 3 使用"数据有效性"设置下拉列表框,并输入对应的数据。

1.选定 F2:F11 单元格,选择"数据"选项卡→"数据工具"组→"数据有效性"→"数据有效性"命令,弹出"数据有效性"对话框,如图 3-3 所示。

图 3-3 有效性设置下拉列表框

图 3-4 设置货币格式

2.单击"设置"选项卡,在"允许"下拉列表框中选择"序列",来源中分别输入"高级工程师,工程师,助理工程师",每个数据项之间以英文",",分隔,如图 3-3 所示。

3.单击"确定"按钮,完成数据有效性设置,参照图 3-5 的 F 列输入该列数据。

步骤 4 设置基本工资列的格式。

1.选定 G2:G11 单元格,选择"开始"选项卡→"单元格"组→"格式"→"设置单元格格式"命令,在弹出的"设置单元格格式"对话框中选中"数字"选项卡,在"分类"列表框中选择"货币"选项(见图 3-4);再按照图 3-5 所示设置小数位数和货币符号。

2.参照图 3-5 的 G 列,输入相应的基本工资。

序号	姓名	身份证号码	出生日期	职务	基本工资	取整后的工资	工资的中文大写金额
			员工基本情况表				
01	王一	330675196706154485		高级工程师	¥3,000.01	¥3,000	叁仟
02	张二	330675196708154432		工程师	¥2,500.23	¥2,500	贰仟伍佰
03	林三	330675195302215412		高级工程师	¥3,000.01	¥3,000	叁仟
04	胡四	330675198603301836		助理工程师	¥1,200.76	¥1,201	壹仟贰佰零壹
05	吴五	330675195308032859		高级工程师	¥3,000.01	¥3,000	叁仟
06	章六	330675195905128755		高级工程师	¥3,000.01	¥3,000	叁仟
07	陆七	330675197211045896		工程师	¥2,500.23	¥2,500	贰仟伍佰
08	苏八	330675198807015258		工程师	¥2,000.00	¥2,000	贰仟
09	韩九	330675197304178789		助理工程师	¥1,200.76	¥1,201	壹仟贰佰零壹
10	徐一	330675195410032235		高级工程师	¥3,000.01	¥3,000	叁仟

图 3-5 员工基本情况表

步骤 5 增加"取整后的工资"和"工资的中文大写金额"两列,并输入对应的数据。

1.在 H1 单元格中输入"取整后的工资",在 I1 单元格中输入"工资的中文大写金额"。

2.选定 H2 单元格,输入函数"＝ROUND(G2,0)",参照步骤 4 的方法,设置其单元格格式的小数位数和货币符号。

3.利用填充柄下拉填充至 H11 单元格。

4.复制 H2:H11 单元格,右键单击 I2 单元格弹出快捷菜单,选择"选择性粘贴"命令,在弹出对话框的"粘贴"选项中选择"数值",如图 3-6 所示;设置好后单击"确定"按钮。

5.选定 I2:I11 单元格,选择"开始"选项卡→"单元格"组→"格式"→"设置单元格格式"命令,在弹出的"设置单元格格式"对话框中选中"数字"选项卡,在"分类"列表框中选择"特殊"选项,"类型"列表框中选择"中文大写数字",如图 3-7 所示。

6.单击"确定"按钮,得到如图 3-5 中的 H 列和 I 列所示的效果。

图 3-6 选择性粘贴数值

图 3-7 设置中文大写数字

步骤 6 设置条件格式。

1.选定 H2:H11 单元格,选择"开始"选项卡→"样式"组→"条件格式"→"新建规则"命令,弹出"新建格式规则"对话框。

2.在"新建格式规则"对话框中,在"选择规则类型"列表框中选择"只为包含以下内容的单元格设置格式";在"编辑规则说明"列表框中,根据题目要求,依次选择"单元格值"、"小于"和键入"2000"值,如图 3-8 所示。

3.单击"格式"按钮,在弹出的"设置单元格格式"对话框中,选择"填充"选项卡,在"背景色"的颜色中选择黄色,如图 3-8 所示,单击"确定"按钮。

4.单击"确定"按钮,完成条件格式的设置,其效果如图 3-5 中 H 列所示。

图 3-8 "条件格式"设置

步骤 7 添加表格标题和边框。

1.右键单击第 1 行,在弹出的快捷菜单中选择"插入",则在第 1 行之上插入一行。

2. 在 A1 单元格中输入"员工基本情况表",选定 A1:I1 单元格,选择"开始"选项卡→"单元格"组→"格式"→"设置单元格格式"命令,打开"设置单元格格式"对话框。

3. 切换到"对齐"选项卡,在"水平对齐"下拉框中选择"居中",在"文本控制"列表框上选择"合并单元格",如图 3-9 中 a 图所示;再切换到"字体"选项卡,设置格式为"黑体"、"16 号",单击"确定"按钮。

4. 选定 B2:I12 单元格,选择"开始"选项卡→"单元格"组→"格式"→"设置单元格格式"命令,在弹出的"设置单元格格式"对话框中切换到"边框"选项卡,参照图 3-9 中 b 图设置,单击"确定"按钮。

5. 标题和边框设置完成后的打印预览效果如图 3-9 中 c 图所示。

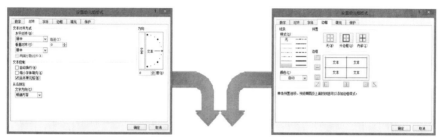

a.合并单元格　　　　　　　　　　　　　　　　b.设置边框

员工基本情况表

序号	姓名	身份证号码	出生日期	职务	基本工资	取整后的工资	工资的中文大写金额
01	王一	330675196706154485		高级工程师	¥3,000.01	¥3,000	叁仟
02	张二	330675196708154432		工程师	¥2,500.23	¥2,500	贰仟伍佰
03	林三	330675195302215412		高级工程师	¥3,000.01	¥3,000	叁仟
04	胡四	330675198603301836		助理工程师	¥1,200.76	¥1,201	壹仟贰佰零壹
05	吴五	330675195308032859		高级工程师	¥3,000.01	¥3,000	叁仟
06	章六	330675195905128755		高级工程师	¥3,000.01	¥3,000	叁仟
07	陆七	330675197211045896		工程师	¥2,500.23	¥2,500	贰仟伍佰
08	苏八	330675198807015258		工程师	¥2,000.00	¥2,000	贰仟
09	韩九	330675197304178789		助理工程师	¥1,200.76	¥1,201	壹仟贰佰零壹
10	徐一	330675195410032235		高级工程师	¥3,000.01	¥3,000	叁仟

c.打印预览

图 3-9　标题和边框的设置效果

实验 2　一般函数与公式

实验目的

复习学过的公式与函数的基本知识,掌握名称的定义及基本使用方法。具体要求如下:

1. 复习公式与常用函数的应用(如 SUM、AVERAGE、IF 等)。

2. 重点掌握名称的定义及基本使用方法。

（1）指定名称：一次定义多个名称。

（2）定义名称为常量。

（3）定义名称为函数。

任务描述

参照实验 1 中的"员工基本情况表"，给每个员工增加"职务补贴"，重新计算每个员工的工资、全部员工的平均工资，以及每个员工的工资层次。具体要求如下：

1. 修改表格基本结构：删除"工资的中文大写金额"列，增加"职务补贴"、"补贴后的工资"和"工资层次"列；列标题上增加一行，输入"员工人数"和"平均工资"，如图 3-10 所示。

2. 使用"指定"方法将单元格区域 B4:B13 定义名称为"序号"，同时把单元格区域 C4:C13 定义名称为"姓名"，单元格区域 D4:D13 定义名称为"身份证号码"。

3. 定义名称"补贴率"为 20％，用该名称计算每个员工的"职务补贴"。

4. 定义名称"补贴后的工资"，计算每个员工"补贴后的工资"。

5. 按照以下规则，判断每个员工的"工资层次"：高，即补贴后的工资＞3000 元；中，即 1500 元＜补贴后的工资≤3000 元；低，即 0＜补贴后的工资≤1500 元。

6. 计算"员工人数"和"平均工资"。

操作步骤

步骤 1 调整表格结构。

1. 右键单击第 2 行，插入一行；在 B2 单元格中输入"员工人数："，在 E2 单元格中输入"平均工资："。

2. 在 I3、J3 和 K3 单元格中分别输入"职务补贴"、"补贴后的工资"和"工资层次"。

3. 参照实验 1 的步骤 7，进行格式设置，其效果如图 3-10 所示。

图 3-10 修改后的员工基本情况表

步骤 2 使用"指定"方法定义名称。

1.选定 B3:D13 单元格,单击"公式"选项卡→"定义的名称"组→"根据所选内容创建"按钮。

2.弹出"以选定区域创建名称"对话框,在"以下列选定区域的值创建名称"列表框中选中"首行"复选框,如图 3-11 所示,单击"确定"按钮。

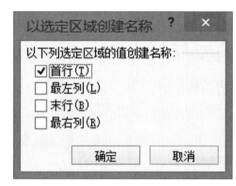

图 3-11　指定名称　　　　　　　图 3-12　定义名称"补贴率"

步骤 3 定义名称"补贴率"为常量,计算"职务补贴"。

1.单击"公式"选项卡→"定义的名称"组→"定义名称"按钮,弹出"新建名称"对话框。

2.在"名称"文本框中输入"补贴率",在"引用位置"文本框中输入"＝20％",单击"确定"按钮,如图 3-12 所示。

3.选择 I4 单元格,输入公式"＝H4 * 补贴率",再用填充柄向下填充,计算出"职务补贴",如后文图 3-14 的 I 列所示。

步骤 4 定义名称"补贴后的工资"为 SUM 函数,计算"补贴后的工资"。

1.参照步骤 3 定义名称"补贴后的工资","引用位置"文本框中输入"＝SUM(Sheet1！H4:I4)"。

2.选择 J4 单元格,输入"＝",单击"公式"选项卡→"定义的名称"组→"用于公式"按钮,在下拉列表中选择"补贴后的工资",如图 3-13 所示。

3.按 Enter 键后,使用填充柄向下填充,如图 3-14 的 J 列所示。

步骤 5 利用 IF 函数,判断工资层次。

1.选择 K4 单元格,输入函数"＝IF(J4＞3000,"高",IF(J4＞1500,"中","低"))"。

2.利用填充柄向下填充后,如图 3-14 的 K 列所示。

步骤 6 计算"员工人数"和"平均工资"。

1.选择 C2 单元格,输入函数"＝COUNTA(B4:B13)"。

图 3-13　粘贴名称

2.选择 F2 单元格,输入函数"=AVERAGE(J4:J13)",如图 3-14 所示。

	员工基本情况表									
员工人数:	10			平均工资:	¥2,928					
序号	姓名	身份证号码		出生日期	职务	基本工资	取整后的工资	职务补贴	补贴后的工资	工资层次
01	王一	330675196706154485			高级工程师	¥3,000.01	¥3,000	¥600	¥3,600	高
02	张二	330675196708154432			工程师	¥2,500.23	¥2,500	¥500	¥3,000	中
03	林三	330675195302215412			高级工程师	¥3,000.01	¥3,000	¥600	¥3,600	高
04	胡四	330675198603301836			助理工程师	¥1,200.76	¥1,201	¥240	¥1,441	低
05	吴五	330675195308032859			高级工程师	¥3,000.01	¥3,000	¥600	¥3,600	高
06	章六	330675195905128755			高级工程师	¥3,000.01	¥3,000	¥600	¥3,600	高
07	陆七	330675197211045896			工程师	¥2,500.23	¥2,500	¥500	¥3,000	中
08	苏八	330675198807015258			工程师	¥2,000.01	¥2,000	¥400	¥2,400	中
09	韩九	330675197304178789			助理工程师	¥1,200.76	¥1,201	¥240	¥1,441	低
10	徐一	330675195410032235			高级工程师	¥3,000.01	¥3,000	¥600	¥3,600	高

图 3-14　计算处理后的员工基本情况表

实验 3　数组公式的使用

实验目的

掌握数组公式的基本应用。具体包括:

1.掌握数组公式输入、修改的方法。

2.熟练掌握数组公式的应用。

3.能辨析一般公式与数组公式的差别。

任务描述

1.根据销售统计表(如图 3-15 所示),计算每个产品的销售金额以及所有产品的总销售额。

2. 用一般公式计算销售金额和产品总销售额。

3. 用数组公式计算销售金额和产品总销售额。

4. 修改数组公式,用数组常量计算销售金额和产品总销售额。

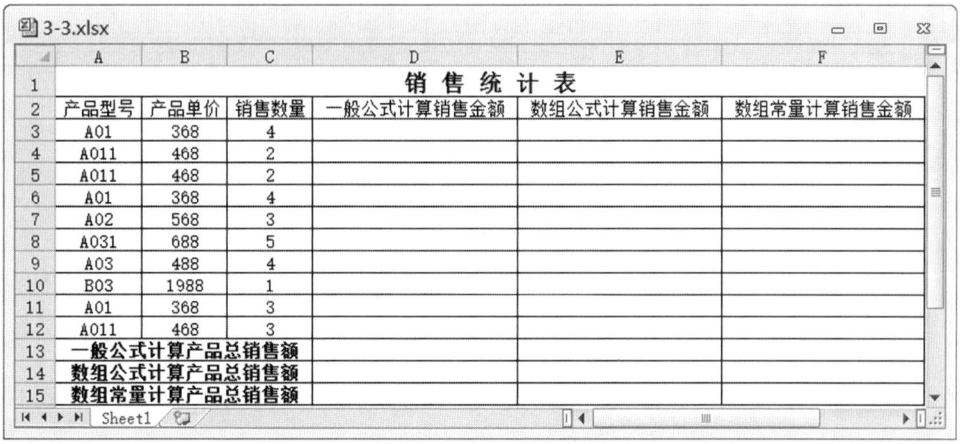
3-3.xlsx

	A	B	C	D	E	F
1	销 售 统 计 表					
2	产品型号	产品单价	销售数量	一般公式计算销售金额	数组公式计算销售金额	数组常量计算销售金额
3	A01	368	4			
4	A011	468	2			
5	A011	468	2			
6	A01	368	4			
7	A02	568	3			
8	A031	688	5			
9	A03	488	4			
10	B03	1988	1			
11	A01	368	3			
12	A011	468	3			
13	一般公式计算产品总销售额					
14	数组公式计算产品总销售额					
15	数组常量计算产品总销售额					

Sheet1

图 3-15 销售统计表

操作步骤

步骤 1 用一般公式计算销售金额和产品总销售额。

1. 选择 D3 单元格,输入公式"=B3 * C3",利用填充柄向下填充至 D12 单元格,公式如图 3-16 所示。

2. 选择 D13 单元格,输入函数"=SUM(D3:D12)",如图 3-16 的 D13 所示。

步骤 2 用数组公式计算销售金额和产品总销售额。

1. 选择单元格区域 E3:E12。

2. 在编辑框里输入"=",然后选择单元格区域 B3:B12,输入" * ",再选择单元格区域 C3:C12,此时编辑框里显示"=B3:B12 * C3:C12",如图 3-17 所示。

3. 按下"Ctrl+Shift+Enter"组合键。

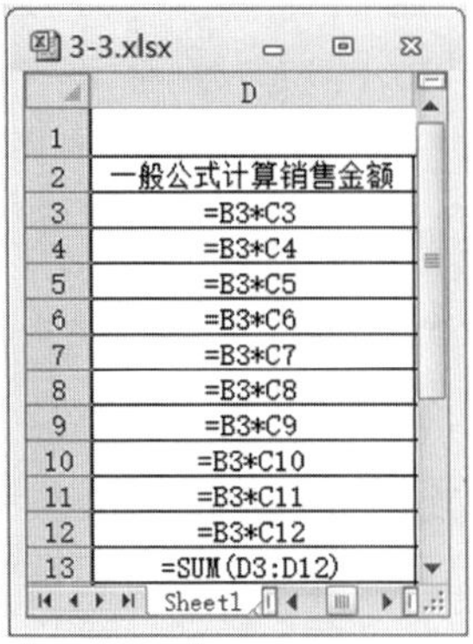

3-3.xlsx

	D
1	
2	一般公式计算销售金额
3	=B3*C3
4	=B3*C4
5	=B3*C5
6	=B3*C6
7	=B3*C7
8	=B3*C8
9	=B3*C9
10	=B3*C10
11	=B3*C11
12	=B3*C12
13	=SUM(D3:D12)

图 3-16　一般公式

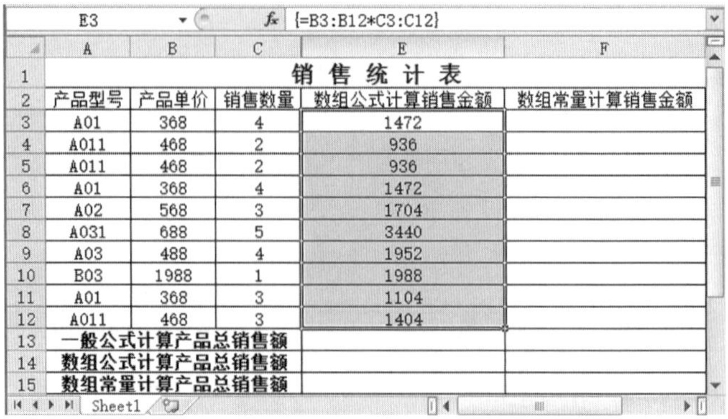

E3　{=B3:B12*C3:C12}

	A	B	C	E	F
1	销售统计表				
2	产品型号	产品单价	销售数量	数组公式计算销售金额	数组常量计算销售金额
3	A01	368	4	1472	
4	A011	468	2	936	
5	A011	468	2	936	
6	A01	368	4	1472	
7	A02	568	3	1704	
8	A031	688	5	3440	
9	A03	488	4	1952	
10	B03	1988	1	1988	
11	A01	368	3	1104	
12	A011	468	3	1404	
13	一般公式计算产品总销售额				
14	数组公式计算产品总销售额				
15	数组常量计算产品总销售额				

图 3-17　数组公式

4. 选择 E14 单元格，输入"=SUM(B3:B12 * C3:C12)"，按下"Ctrl+Shift+Enter"组合键，得到如图 3-18 的 E14 所示结果。

步骤 3　修改数组公式，用数组常量{4;2;2;4;3;5;4;1;3;3}来代替销售数量。

1. 选择单元格区域 F3:F12，按照步骤 2 的方法分别计算销售金额和产品总销售额。

2. 选择 F3:F12 中的任一单元格，单击编辑框，在代表数组的符号"{}"消失后，将其中"C3:C12"改为"{4;2;2;4;3;5;4;1;3;3}"，按下"Ctrl+Shift+Enter"组合键，完成数组公式的修改。

3. 选择 F15 单元格，参照上一步修改，最后结果如图 3-18 中 F 列所示。

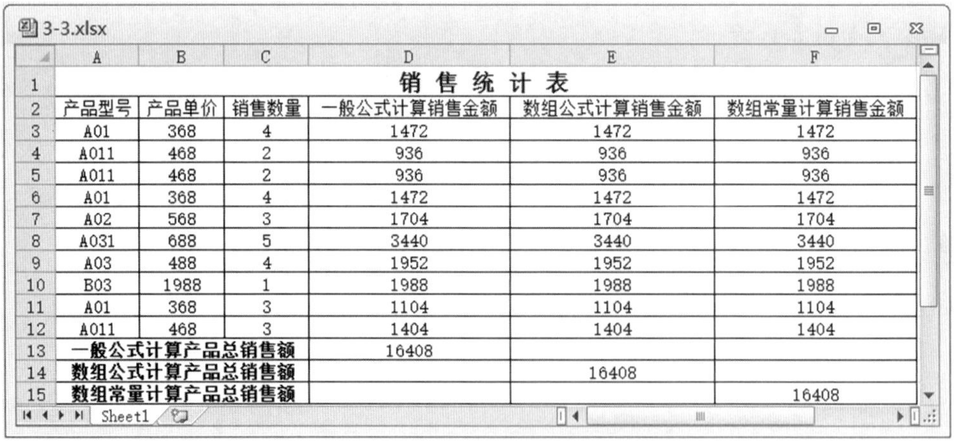

3-3.xlsx

	A	B	C	D	E	F
1	销售统计表					
2	产品型号	产品单价	销售数量	一般公式计算销售金额	数组公式计算销售金额	数组常量计算销售金额
3	A01	368	4	1472	1472	1472
4	A011	468	2	936	936	936
5	A011	468	2	936	936	936
6	A01	368	4	1472	1472	1472
7	A02	568	3	1704	1704	1704
8	A031	688	5	3440	3440	3440
9	A03	488	4	1952	1952	1952
10	B03	1988	1	1988	1988	1988
11	A01	368	3	1104	1104	1104
12	A011	468	3	1404	1404	1404
13	一般公式计算产品总销售额			16408		
14	数组公式计算产品总销售额				16408	
15	数组常量计算产品总销售额					16408

图 3-18　完成后的销售统计表

实验 4　其他函数介绍

实验 4-1　财务函数

实验目的

掌握基本财务函数，利用财务函数进行简单的财务计算与分析。

任务描述

某运输公司在 2008 年 1 月贷款￥3500000 元购买一批卡车，贷款年限为 10 年，年利率为 7%，该批卡车的使用寿命为 10 年，已知卡车 10 年所带来的利润，如图 3-19 所示，要求制作贷款经营表。

基础数据及表格已经排好，需要计算以下项目：卡车折旧值、归还利息、归还本金、归还本利和、累积利息、累积本金、未还贷款、每一年带来的收益、投资现值、报酬率。

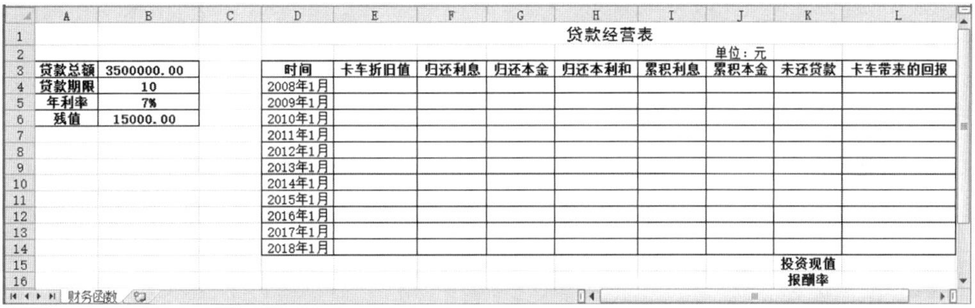

贷款总额	3500000.00
贷款期限	10
年利率	7%
残值	15000.00

贷款经营表

单位：元

时间	卡车折旧值	归还利息	归还本金	归还本利和	累积利息	累积本金	未还贷款	卡车带来的回报
2008年1月								
2009年1月								
2010年1月								
2011年1月								
2012年1月								
2013年1月								
2014年1月								
2015年1月								
2016年1月								
2017年1月								
2018年1月								
							投资现值	
							报酬率	

图 3-19　贷款经营表

操作步骤

步骤 1　定义名称“贷款总额”、“贷款期限”、“年利率”和“残值”。

1. 用“指定名称”的方法定义一批名称(参照实验 2 的步骤 2)。

2. 弹出“以选定区域创建名称”对话框，在“以下列选定区域的值创建名称”列表框中选中“最左列”复选框。

步骤 2　计算卡车的折旧值。

1. 选择 E5 单元格，输入函数“=SYD(贷款总额，残值，贷款期限，YEAR(D5)

—2008)”。其中，名称可直接手工输入，也可以通过单击“公式”选项卡→“定义的名称”组→“用于公式”按钮，在下拉列表中选择对应的名称。

2. 按 Enter 键后，使用填充柄向下填充至 E14 单元格，结果如图 3-20 所示。

步骤 3 计算归还利息。

1. 选择 F5 单元格，输入函数“=IPMT(年利率，YEAR(D5)—2008，贷款期限，—贷款总额)”。

2. 按 Enter 键后，使用填充柄向下填充至 F14 单元格，结果如图 3-21 所示。

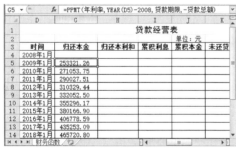

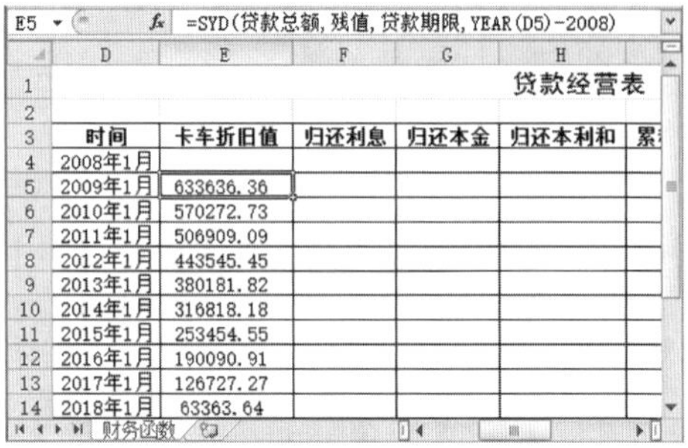
E5 =SYD(贷款总额,残值,贷款期限,YEAR(D5)-2008)

	D	E	F	G	H
1					贷款经营表
2					
3	时间	卡车折旧值	归还利息	归还本金	归还本利和
4	2008年1月				
5	2009年1月	633636.36			
6	2010年1月	570272.73			
7	2011年1月	506909.09			
8	2012年1月	443545.45			
9	2013年1月	380181.82			
10	2014年1月	316818.18			
11	2015年1月	253454.55			
12	2016年1月	190090.91			
13	2017年1月	126727.27			
14	2018年1月	63363.64			

图 3-20 计算卡车折旧值

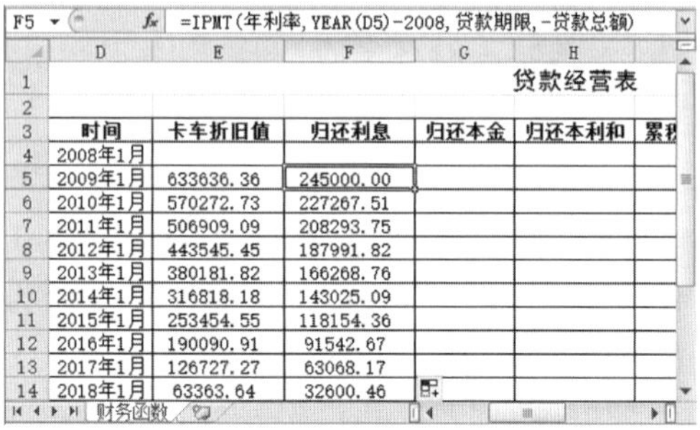
F5 =IPMT(年利率,YEAR(D5)-2008,贷款期限,-贷款总额)

	D	E	F	G	H
1					贷款经营表
2					
3	时间	卡车折旧值	归还利息	归还本金	归还本利和
4	2008年1月				
5	2009年1月	633636.36	245000.00		
6	2010年1月	570272.73	227267.51		
7	2011年1月	506909.09	208293.75		
8	2012年1月	443545.45	187991.82		
9	2013年1月	380181.82	166268.76		
10	2014年1月	316818.18	143025.09		
11	2015年1月	253454.55	118154.36		
12	2016年1月	190090.91	91542.67		
13	2017年1月	126727.27	63068.17		
14	2018年1月	63363.64	32600.46		

图 3-21 计算归还利息

步骤 4 计算归还本金。

1. 选择 G5 单元格，输入函数“=PPMT(年利率，YEAR(D5)—2008，贷款期限，—贷款总额)”。

2. 按 Enter 键后，使用填充柄向下填充至 G14 单元格，结果如图 3-22 所示。

步骤 5 计算归还本利和。

1. 选择 H5 单元格，输入函数“=PMT(年利率，贷款期限，—贷款总额)”。

2. 按 Enter 键后，使用填充柄向下填充至 H14 单元格，结果如图 3-23 所示。

G5 =PPMT(年利率,YEAR(D5)-2008,贷款期限,-贷款总额)

	D	G	H	I	J	K
1				贷款经营表		
2					单位：元	
3	时间	归还本金	归还本利和	累积利息	累积本金	未还贷
4	2008年1月					
5	2009年1月	253321.26				
6	2010年1月	271053.75				
7	2011年1月	290027.51				
8	2012年1月	310329.44				
9	2013年1月	332052.50				
10	2014年1月	355296.17				
11	2015年1月	380166.90				
12	2016年1月	406778.59				
13	2017年1月	435253.09				
14	2018年1月	465720.80				

图 3-22 归还本金

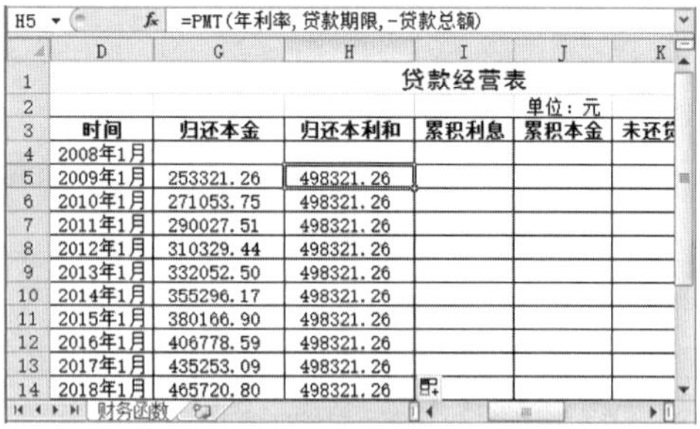
H5 =PMT(年利率,贷款期限,-贷款总额)

	D	G	H	I	J	K
1				贷款经营表		
2					单位：元	
3	时间	归还本金	归还本利和	累积利息	累积本金	未还贷
4	2008年1月					
5	2009年1月	253321.26	498321.26			
6	2010年1月	271053.75	498321.26			
7	2011年1月	290027.51	498321.26			
8	2012年1月	310329.44	498321.26			
9	2013年1月	332052.50	498321.26			
10	2014年1月	355296.17	498321.26			
11	2015年1月	380166.90	498321.26			
12	2016年1月	406778.59	498321.26			
13	2017年1月	435253.09	498321.26			
14	2018年1月	465720.80	498321.26			

图 3-23 归还本利和

步骤 6 计算累积利息。

1. 选择 I5 单元格，输入函数“=—CUMIPMT(年利率，贷款期限，贷款总额，1，

YEAR(D5)－2008,0)”。

2. 按 Enter 键后,使用填充柄向下填充至 I14 单元格,结果如图 3-24 所示。

步骤 7 计算累积本金。

1. 选择 J5 单元格,输入函数“＝－CUMPRINC(年利率,贷款期限,贷款总额,1,YEAR(D5)－2008,0)”。

2. 按 Enter 键后,使用填充柄向下填充至 J14 单元格,结果如图 3-25 所示。

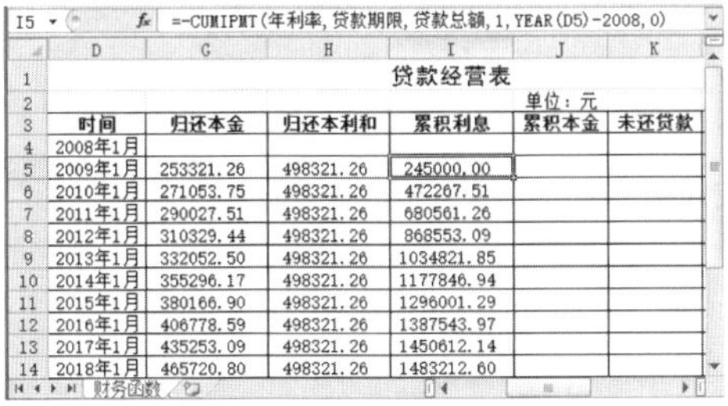

I5 =-CUMIPMT(年利率,贷款期限,贷款总额,1,YEAR(D5)-2008,0)

	D	G	H	I	J	K
1				贷款经营表		
2					单位:元	
3	时间	归还本金	归还本利和	累积利息	累积本金	未还贷款
4	2008年1月					
5	2009年1月	253321.26	498321.26	245000.00		
6	2010年1月	271053.75	498321.26	472267.51		
7	2011年1月	290027.51	498321.26	680561.26		
8	2012年1月	310329.44	498321.26	868553.09		
9	2013年1月	332052.50	498321.26	1034821.85		
10	2014年1月	355296.17	498321.26	1177846.94		
11	2015年1月	380166.90	498321.26	1296001.29		
12	2016年1月	406778.59	498321.26	1387543.97		
13	2017年1月	435253.09	498321.26	1450612.14		
14	2018年1月	465720.80	498321.26	1483212.60		

财务函数

图 3-24 累积利息

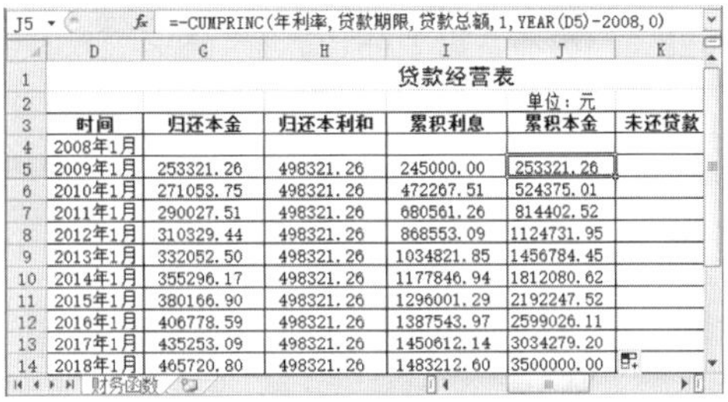

J5 =-CUMPRINC(年利率,贷款期限,贷款总额,1,YEAR(D5)-2008,0)

	D	G	H	I	J	K
1				贷款经营表		
2					单位:元	
3	时间	归还本金	归还本利和	累积利息	累积本金	未还贷款
4	2008年1月					
5	2009年1月	253321.26	498321.26	245000.00	253321.26	
6	2010年1月	271053.75	498321.26	472267.51	524375.01	
7	2011年1月	290027.51	498321.26	680561.26	814402.52	
8	2012年1月	310329.44	498321.26	868553.09	1124731.95	
9	2013年1月	332052.50	498321.26	1034821.85	1456784.45	
10	2014年1月	355296.17	498321.26	1177846.94	1812080.62	
11	2015年1月	380166.90	498321.26	1296001.29	2192247.52	
12	2016年1月	406778.59	498321.26	1387543.97	2599026.11	
13	2017年1月	435253.09	498321.26	1450612.14	3034279.20	
14	2018年1月	465720.80	498321.26	1483212.60	3500000.00	

财务函数

图 3-25 累积本金

步骤 8 计算未还贷款。未还贷款＝贷款总额－累积本金。

1. 选择 K5 单元格,输入公式“＝贷款总额－J5”。

2. 按 Enter 键后,使用填充柄向下填充至 K14 单元格,结果如图 3-26 所示。

步骤 9 计算第一年带来的投资收益。选择 L4 单元格,输入公式“＝－(I14＋J14)”,得到投资第一年的回报金额,为负值,即亏损,如图 3-27 所示。

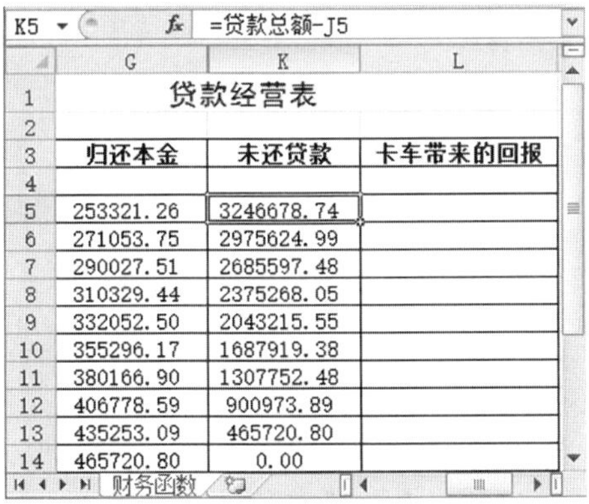

K5 =贷款总额-J5

	G	K	L
1	贷款经营表		
2			
3	归还本金	未还贷款	卡车带来的回报
4			
5	253321.26	3246678.74	
6	271053.75	2975624.99	
7	290027.51	2685597.48	
8	310329.44	2375268.05	
9	332052.50	2043215.55	
10	355296.17	1687919.38	
11	380166.90	1307752.48	
12	406778.59	900973.89	
13	435253.09	465720.80	
14	465720.80	0.00	

财务函数

图 3-26 未还贷款

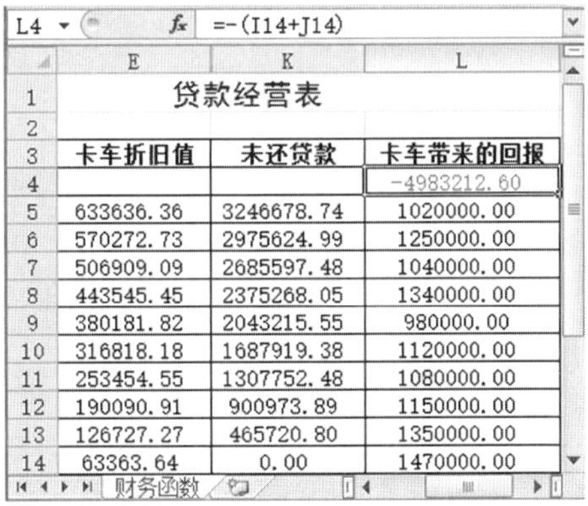

L4 =-(I14+J14)

	E	K	L
1	贷款经营表		
2			
3	卡车折旧值	未还贷款	卡车带来的回报
4			-4983212.60
5	633636.36	3246678.74	1020000.00
6	570272.73	2975624.99	1250000.00
7	506909.09	2685597.48	1040000.00
8	443545.45	2375268.05	1340000.00
9	380181.82	2043215.55	980000.00
10	316818.18	1687919.38	1120000.00
11	253454.55	1307752.48	1080000.00
12	190090.91	900973.89	1150000.00
13	126727.27	465720.80	1350000.00
14	63363.64	0.00	1470000.00

财务函数

图 3-27 第一年投资收益

步骤 10 计算投资现值。在 L15 单元格中输入函数“＝NPV(年利率,L5:L14)”,得到投资现值,结果如图 3-28 所示。

步骤 11 计算报酬率。在 L16 单元格中输入函数“＝IRR(L4:L14)”,得到报酬率,结果如图 3-29 所示。

L15　=NPV(年利率,L5:L14)

贷款经营表

卡车折旧值	未还贷款	卡车带来的回报
		-4983212.60
633636.36	3246678.74	1020000.00
570272.73	2975624.99	1250000.00
506909.09	2685597.48	1040000.00
443545.45	2375268.05	1340000.00
380181.82	2043215.55	980000.00
316818.18	1687919.38	1120000.00
253454.55	1307752.48	1080000.00
190090.91	900973.89	1150000.00
126727.27	465720.80	1350000.00
63363.64	0.00	1470000.00
	投资现值	¥8,184,792.76
	报酬率	

图 3-28　投资现值

L16　=IRR(L4:L14)

贷款经营表

卡车折旧值	未还贷款	卡车带来的回报
		-4983212.60
633636.36	3246678.74	1020000.00
570272.73	2975624.99	1250000.00
506909.09	2685597.48	1040000.00
443545.45	2375268.05	1340000.00
380181.82	2043215.55	980000.00
316818.18	1687919.38	1120000.00
253454.55	1307752.48	1080000.00
190090.91	900973.89	1150000.00
126727.27	465720.80	1350000.00
63363.64	0.00	1470000.00
	投资现值	¥8,184,792.76
	报酬率	19%

图 3-29　报酬率

最终表格完成后的效果如图 3-30 所示。

贷款总额	3500000.00
贷款期限	10
年利率	7%
残值	15000.00

贷款经营表

单位：元

时间	卡车折旧值	归还利息	归还本金	归还本利和	累积利息	累积本金	未还贷款	卡车带来的回报
2008年1月								-4983212.60
2009年1月	633636.36	245000.00	253321.26	498321.26	245000.00	253321.26	3246678.74	1020000.00
2010年1月	570272.73	227267.51	271053.75	498321.26	472267.51	524375.01	2975624.99	1250000.00
2011年1月	506909.09	208293.75	290027.51	498321.26	680561.26	814402.52	2685597.48	1040000.00
2012年1月	443545.45	187991.82	310329.44	498321.26	868553.09	1124731.95	2375268.05	1340000.00
2013年1月	380181.82	166268.76	332052.50	498321.26	1034821.85	1456784.45	2043215.55	980000.00
2014年1月	316818.18	143025.09	355296.17	498321.26	1177846.94	1812080.62	1687919.38	1120000.00
2015年1月	253454.55	118154.36	380166.90	498321.26	1296001.29	2192247.52	1307752.48	1080000.00
2016年1月	190090.91	91542.67	406778.59	498321.26	1387543.97	2599026.11	900973.89	1150000.00
2017年1月	126727.27	63068.17	435253.09	498321.26	1450612.14	3034279.20	465720.80	1350000.00
2018年1月	63363.64	32600.46	465720.80	498321.26	1483212.60	3500000.00	0.00	1470000.00
							投资现值	¥8,184,792.76
							报酬率	19%

图 3-30　完成后的表格

实验 4-2　文本函数

实验目的

掌握常用的文本函数 CONCATENATE、MID、REPLACE 等。

任务描述

1. 完成员工信息表。要求：根据身份证号码分别自动填入出生日期、性别，其中出生日期格式为“XXXX 年 XX 月 XX 日”，性别用“男”或“女”表示。

说明：身份证号码均为 18 位(初始状态如图 3-31 所示)，第 7—10 位，表示出生年份；第 11—12 位，表示出生月份；第 13—14 位，表示出生日；倒数第 2 位用于判别性别，其中偶数表示女性，奇数表示男性。

2. 用 REPLACE 函数将家庭号码升级为 8 位，规则为在号码前加上“8”。

图 3-31　初始的员工身份信息表

操作步骤

步骤 1　填入出生日期。

1.选择 D3 单元格,用函数 MID 筛选出年月日:①出生年:MID(C3,7,4);②出生月:MID(C3,11,2);③出生日:MID(C3,13,2)。

2.用 CONCATENATE 函数将出生年 MID(C3,7,4)、"年"、出生月 MID(C3,11,2)、"月"、出生日 MID(C3,13,2)、"日"连接起来,即在 D3 单元格中输入函数"=CONCATENATE(MID(C3,7,4),"年",MID(C3,11,2),"月",MID(C3,13,2),"日")"。

3.利用填充柄向下填充至 C12 单元格,结果如图 3-32 所示。

图 3-32　出生日期

步骤 2　填入性别。

1.选择 E3 单元格,用 MID 函数取出第 17 位,再用 MOD(取余数)函数判断奇偶性,输入函数"=IF(MOD(MID(C3,17,1),2)=0,"女","男")"。

2.利用填充柄向下填充至 E12 单元格,结果如图 3-33 所示。

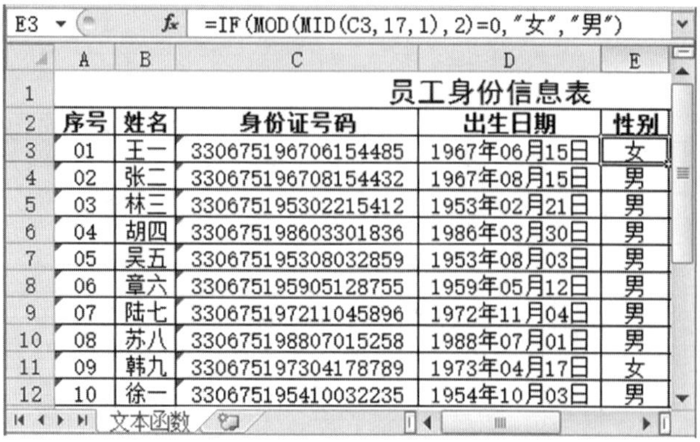

E3 =IF(MOD(MID(C3,17,1),2)=0,"女","男")

员工身份信息表

序号	姓名	身份证号码	出生日期	性别
01	王一	330675196706154485	1967年06月15日	女
02	张二	330675196708154432	1967年08月15日	男
03	林三	330675195302215412	1953年02月21日	男
04	胡四	330675198603301836	1986年03月30日	男
05	吴五	330675195308032859	1953年08月03日	男
06	章六	330675195905128755	1959年05月12日	男
07	陆七	330675197211045896	1972年11月04日	男
08	苏八	330675198807015258	1988年07月01日	男
09	韩九	330675197304178789	1973年04月17日	女
10	徐一	330675195410032235	1954年10月03日	男

文本函数

图 3-33　性别

步骤 3　升级家庭电话号码。

1. 选择 G3 单元格，输入函数"=REPLACE(F3,1, ,"8")"。

2. 利用填充柄向下填充至 G12 单元格，如图 3-34 的 G 列所示。

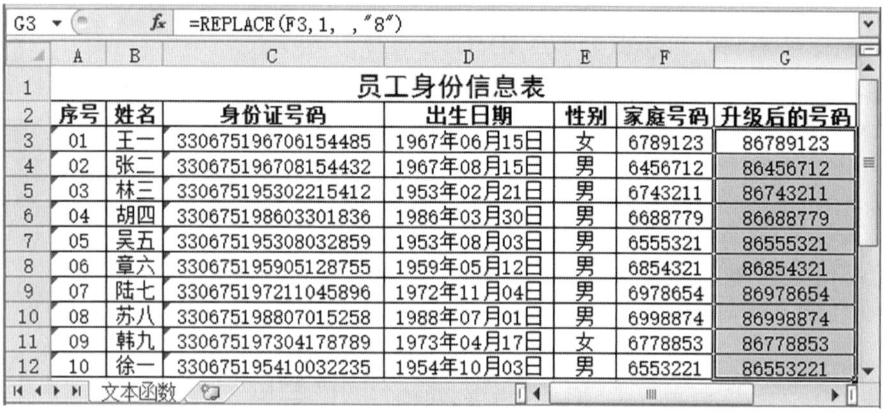

G3 =REPLACE(F3,1, ,"8")

员工身份信息表

序号	姓名	身份证号码	出生日期	性别	家庭号码	升级后的号码
01	王一	330675196706154485	1967年06月15日	女	6789123	86789123
02	张二	330675196708154432	1967年08月15日	男	6456712	86456712
03	林三	330675195302215412	1953年02月21日	男	6743211	86743211
04	胡四	330675198603301836	1986年03月30日	男	6688779	86688779
05	吴五	330675195308032859	1953年08月03日	男	6555321	86555321
06	章六	330675195905128755	1959年05月12日	男	6854321	86854321
07	陆七	330675197211045896	1972年11月04日	男	6978654	86978654
08	苏八	330675198807015258	1988年07月01日	男	6998874	86998874
09	韩九	330675197304178789	1973年04月17日	女	6778853	86778853
10	徐一	330675195410032235	1954年10月03日	男	6553221	86553221

文本函数

图 3-34　完成的员工身份信息表

实验 4-3　日期与时间函数

实验目的

掌握基本的日期与时间函数及其应用，如 TODAY、NOW、HOUR、MINUTE、SECOND 等。

任务描述

1. 根据停车情况记录表，计算汽车在停车库中停放的时间。

2. 根据停放时间计算应付的停车费。

(1)停车费按照小时计算。

(2)停放时间不足一个小时,按一个小时计算。

(3)超过整点 15 分钟,按照一个小时计算。

操作步骤

步骤 1 计算停放时间。停放时间=出库时间-入库时间。

1.选择 F3 单元格,输入公式"=E3-D3",按 Enter 键。

2.利用填充柄向下填充,得到停放时间,如图 3-35 的 F 列所示。

步骤 2 计算停车费用。

1.计算时间。取出的小时等于 0,若分钟与秒之和为 0,按 0 计时,否则按 1 计时;不等于 0,若分钟小于 15,则为当前小时,否则为当前小时+1。函数为:IF(HOUR(F3)=0,IF(MINUTE(F3)+SECOND(F3)=0,0,1),IF(MINUTE(F3)<15,HOUR(F3),HOUR(F3)+1))。

2.计算停车费,即:计时×单价。选择 G3 单元格,输入公式:"=IF(HOUR(F3)=0,IF(MINUTE(F3)+SECOND(F3)=0,0,1),IF(MINUTE(F3)<15,HOUR(F3),HOUR(F3)+1))*C3",结果如图 3-35 的 G 列所示。

	A	B	C	D	E	F	G
G3			=IF(HOUR(F3)=0,IF(MINUTE(F3)+SECOND(F3)=0,0,1),IF(MINUTE(F3)<15,HOUR(F3),HOUR(F3)+1))*C3				
1				停车情况记录表			
2	车牌号	车型	单价	入库时间	出库时间	停放时间	应付金额
3	浙A12345	小汽车	5	8:12:25	11:15:35	3:03:10	15
4	浙A32581	大客车	10	8:34:12	9:32:45	0:58:33	10
5	浙A21584	中客车	8	9:00:36	15:06:14	6:05:38	48
6	浙A66871	小汽车	5	9:30:49	15:13:48	5:42:59	30
7	浙A51271	中客车	8	9:49:23	10:16:25	0:27:02	8
8	浙A54844	大客车	10	10:32:58	12:45:23	2:12:25	20
9	浙A56894	小汽车	5	10:56:23	11:15:11	0:18:48	5
10	浙A33221	中客车	8	11:03:00	13:25:45	2:22:45	24
11	浙A68721	小汽车	5	11:37:26	14:19:20	2:41:54	15
12	浙A33547	大客车	10	12:25:39	14:54:33	2:28:54	30
13	浙A87412	中客车	8	13:15:06	17:03:00	3:47:54	32
14	浙A52485	小汽车	5	13:48:35	15:29:37	1:41:02	10
15	浙A45742	大客车	10	14:54:33	17:58:48	3:04:15	30

图 3-35 完成的停车收费情况记录表

实验 4-4 查找函数

实验目的

灵活运用查找函数,按指定的条件对数据进行快速查询、选择和引用,如MATCH、INDEX 等。

任务描述

根据行列条件返回结果。具体要求如下：

1. 查询的型号来自 D2:D10 单元格，如图 3-36 所示；查询的规格来自 E1:G1 单元格，如图 3-37 所示。

图 3-36　查询型号　　　　　　　　　图 3-37　查询规格

2. 选择了型号和规格，产品价格自动显示在 B5 单元格中，如图 3-38 所示。

	A	B	C	D	E	F	G
1				规格 型号	10	20	30
2	信息查询			A0110	78	87	76
3	查询型号	A0110		A0111	80	97	34
4	查询规格	30		A0112	91	75	64
5	产品价格	76		A0113	88	86	68
6				A0114	93	99	83
7				B1120	89	69	79
8				B1121	91	70	69
9				B1122	77	91	81
10				B1123	93	77	74

图 3-38　查询产品价格

操作步骤

步骤 1　选定 B3 单元格，设置其数据有效性。

1. 选择"数据"选项卡→"数据工具"组→"数据有效性"→"数据有效性"命令，弹出"数据有效性"对话框。

2.单击"设置"选项卡,在"允许"下拉列表框中选择"序列","来源"输入"＝＄D＄2:＄D＄10",单击"确定"按钮。

步骤 2　选定 B4 单元格,设置其数据有效性。

1.选择"数据"选项卡→"数据工具"组→"数据有效性"→"数据有效性"命令,弹出"数据有效性"对话框。

2.单击"设置"选项卡,在"允许"下拉列表框中选择"序列","来源"输入"＝＄E＄1:＄G＄1",单击"确定"按钮。

步骤 3　选定 B5 单元格,输入函数:"＝INDEX(＄E＄2:＄G＄10,MATCH(＄B＄3,＄D＄2:＄D＄10,0),MATCH(＄B＄4,＄E＄1:＄G＄1,0))",即得到结果,如图 3-38 所示。

实验 4-5　引用函数

实验目的

灵活运用查找与引用函数,按指定的条件对数据进行快速查询、选择和引用,如 LOOKUP、VLOOKUP 和 HLOOKUP 函数。

任务描述

根据企业销售产品清单,自动填充"销售统计表"中的产品名称和产品单价。

操作步骤

步骤 1　自动填充"产品名称"。选择图 3-39 中的 G3 单元格,输入函数"＝VLOOKUP(F3,＄A＄2:＄C＄10,2,0)",按 Enter 键,再利用填充柄完成产品名称的自动填充。

步骤 2　自动填充"产品价格"。选择图 3-39 中的 H3 单元格,输入函数"＝VLOOKUP(F3,＄A＄2:＄C＄10,3,0)",按 Enter 键,再利用填充柄完成产品价格的自动填充。

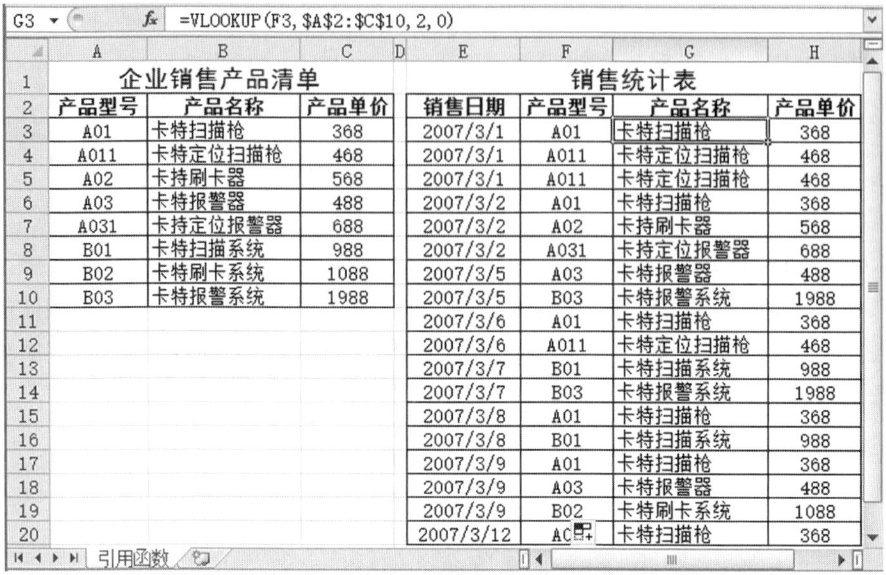

	A	B	C	D	E	F	G	H
1	企业销售产品清单				销售统计表			
2	产品型号	产品名称	产品单价		销售日期	产品型号	产品名称	产品单价
3	A01	卡特扫描枪	368		2007/3/1	A01	卡特扫描枪	368
4	A011	卡特定位扫描枪	468		2007/3/1	A011	卡特定位扫描枪	468
5	A02	卡持刷卡器	568		2007/3/1	A011	卡特定位扫描枪	468
6	A03	卡特报警器	488		2007/3/2	A01	卡特扫描枪	368
7	A031	卡持定位报警器	688		2007/3/2	A02	卡持刷卡器	568
8	B01	卡特扫描系统	988		2007/3/2	A031	卡持定位报警器	688
9	B02	卡特刷卡系统	1088		2007/3/5	A03	卡特报警器	488
10	B03	卡特报警系统	1988		2007/3/5	B03	卡特报警系统	1988
11					2007/3/6	A01	卡特扫描枪	368
12					2007/3/6	A011	卡特定位扫描枪	468
13					2007/3/7	B01	卡特扫描系统	988
14					2007/3/7	B03	卡特报警系统	1988
15					2007/3/8	A01	卡特扫描枪	368
16					2007/3/8	B01	卡特扫描系统	988
17					2007/3/9	A01	卡特扫描枪	368
18					2007/3/9	A03	卡特报警器	488
19					2007/3/9	B02	卡特刷卡系统	1088
20					2007/3/12	AC	卡特扫描枪	368

图 3-39　销售统计表

实验 4-6　数据库函数

实验目的

1. 掌握数据库信息函数。
2. 掌握主要的数据库分析函数。

任务描述

利用数据库函数和已经设置好的区域，计算以下情况的结果，并将结果保存在相应的单元格中。

1. 商标为"上海"，瓦数<100 的白炽灯的平均单价。
2. 产品为"白炽灯"，80≤瓦数≤100 的产品的数量。

操作步骤

步骤 1　计算商标为"上海"，瓦数<100 的白炽灯的平均单价。选择 G19 单元格，输入函数"=DAVERAGE(A1:E16,5,J2:L3)"，得到结果如图 3-40 所示。

步骤 2　计算产品为"白炽灯"，80≤瓦数≤100 的产品数量。

选择 G20 单元格，输入函数"=DCOUNT(A1:B16,2,J6:L7)"，得到结果如图 3-40 所示。

	G19	▾		fx	=DAVERAGE(A1:E16,5,J2:L3)					

	A	B	C	D	E	F	G	H	I	J	K	L
1	产品	瓦数	寿命（小时）	商标	单价	每盒数量	采购盒数	价值		条件区域1:		
2	白炽灯	200	3000	上海	4.5	4	3			商标	产品	瓦数
3	氖管	100	2000	上海	2	15	2			上海	白炽灯	<100
4	其他	10	8000	北京	0.8	25	6					
5	白炽灯	80	1000	上海	0.2	40	3			条件区域2:		
6	日光灯	100	未知	上海	1.25	10	4			产品	瓦数	瓦数
7	日光灯	200	3000	上海	2.5	15	0			白炽灯	>=80	<=100
8	其他	25	未知	北京	0.5	10	3					
9	白炽灯	200	3000	北京	5	3	2					
10	氖管	100	2000	北京	1.8	20	5					
11	白炽灯	100	未知	北京	0.25	10	5					
12	白炽灯	10	800	上海	0.2	25	2					
13	白炽灯	60	1000	北京	0.15	25	0					
14	白炽灯	80	1000	北京	0.2	30	2					
15	白炽灯	100	2000	上海	0.8	10	5					
16	白炽灯	40	1000	上海	0.1	20	5					
17												
18				情况			计算结果					
19	商标为上海，瓦数小于100的白炽灯的平均单价:						0.166666667					
20	产品为白炽灯，其瓦数大于等于80且小于等于100的数量:						4					

| ◀ | ◀ | ▶ | ▶| | 数据库函数 | |

图 3-40　数据库函数

实验 4-7　统计函数

实验目的

掌握基础统计函数的运用，如 SUMIF、RANK、COUNT/COUNTA/COUN-TIF、MAX/MIN、FREQUENCY、MODE 等。

任务描述

运用基础统计函数完成成绩的统计分析，表格整体布局及数据如图 3-41 所示。具体要求如下：

1. 计算应考、实考、缺考人数，其中应考人数中男女生人数分别是多少。

2. 分别求男生、女生的总成绩和平均成绩，以及全班平均成绩、最高分、最低分。

3. 统计各分数段的人数。

4. 统计出现次数最多的分数。

5. 按照成绩进行排名。

	学号	姓名	性别	成绩	名次			应考人数：			

成绩情况表 / 成绩分析情况

学号	姓名	性别	成绩	名次
930301	刘昌明	女	75	
930302	叶凯	男	86	
930303	张超	男	92	
930304	斯宝玉	女	74	
930305	董伟	男	55	
930306	舒跃进	男	86	
930307	殷锡根	女	91	
930308	博勒	男		
930309	吴进录	女	84	
930310	陆蔚兰	男	77	
930311	杨晶	女	57	
930312	王婷	男	86	
930313	赵世则	女	61	
930314	张杰	男	72	
930315	徐婧宇	女	56	

成绩分析情况

成绩分析情况	分段点
应考人数：	
男生人数：	59
女生人数：	69
实考人数：	79
缺考人数：	89
男生总成绩：	60分以下人数：
女生总成绩：	60-69分之间人数：
男生平均成绩：	70-79分之间人数：
女生平均成绩：	80-89分之间人数：
总平均成绩：	90分以上人数：
最高分：	出现次数最多的分数：
最低分：	

图 3-41　成绩单统计分析

操作步骤

步骤 1　计算应考人数。选择 H2 单元格,输入函数"＝COUNT(A3:A17)",按下 Enter 键,得到应考人数为 15 人,如图 3-42 所示。

步骤 2　计算男生人数。选择 H3 单元格,输入函数"＝COUNTIF(C3:C17,"男")",按下 Enter 键,得到男生人数为 8 人,如图 3-43 所示。

H2　fx　=COUNT(A3:A17)

成绩分析情况

成绩分析情况		分段点
应考人数：	15	
男生人数：		59
女生人数：		69
实考人数：		79
缺考人数：		89
男生总成绩：		60分以下人数：
女生总成绩：		60-69分之间人数：
男生平均成绩：		70-79分之间人数：
女生平均成绩：		80-89分之间人数：
总平均成绩：		90分以上人数：
最高分：		出现次数最多的分数：
最低分：		

图 3-42　用 COUNT 函数计算应考人数

H3　fx　=COUNTIF(C3:C17,"男")

成绩分析情况

成绩分析情况		分段点
应考人数：	15	
男生人数：	8	59
女生人数：		69
实考人数：		79
缺考人数：		89
男生总成绩：		60分以下人数：
女生总成绩：		60-69分之间人数：
男生平均成绩：		70-79分之间人数：
女生平均成绩：		80-89分之间人数：
总平均成绩：		90分以上人数：
最高分：		出现次数最多的分数：
最低分：		

图 3-43　用 COUNTIF 函数计算男生人数

步骤 3　计算女生人数。选择 H4 单元格,输入函数"＝COUNTIF(C3:C17,"女")",按下 Enter 键,得到女生人数为 7 人,如图 3-44 所示。

步骤 4　计算实考人数。选择 H5 单元格,输入函数"＝COUNTA(D3:D17)",按下 Enter 键,得到实考人数为 14 人,如图 3-45 所示。

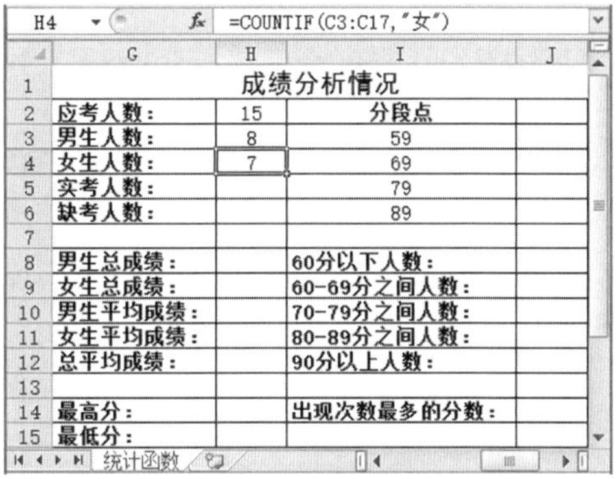

图 3-44　用 COUNTIF 函数计算女生人数

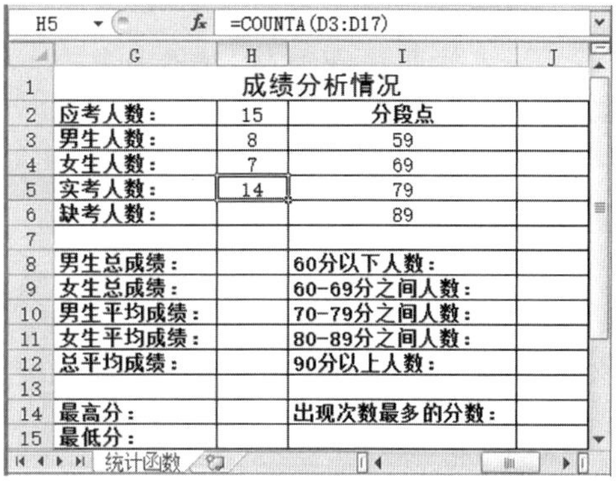

图 3-45　用 COUNTA 函数计算实考人数

步骤 5　计算缺考人数。选择 H6 单元格，输入公式"＝COUNTBLANK(D3：D17)"，按下 Enter 键，得到缺考人数为 1 人，如图 3-46 所示。

步骤 6　计算男生总成绩。选择 H8 单元格，输入函数"＝SUMIF(C3：C17，"男"，D3：D17)"，按下 Enter 键，如图 3-47 所示。

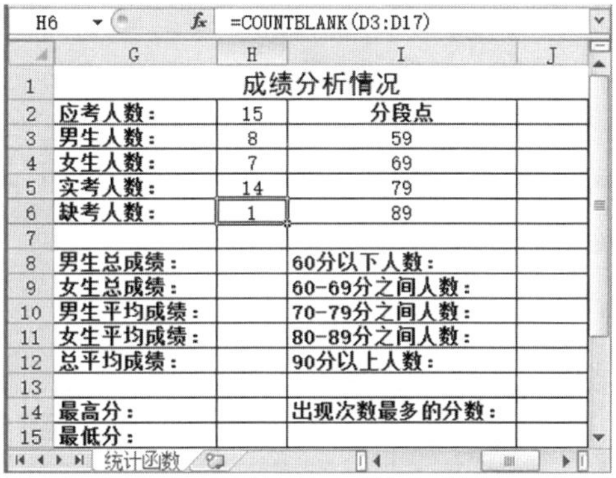

图 3-46　用 COUNTBLANK 函数计算缺考人数

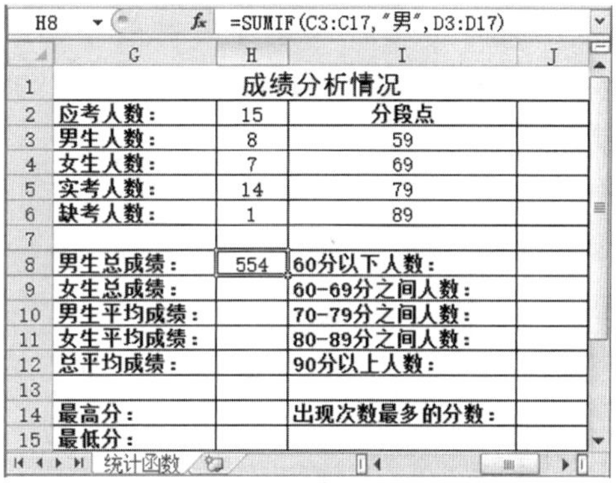

图 3-47　用 SUMIF 函数计算男生总成绩

步骤 7　计算女生总成绩。选择 H9 单元格，输入函数"＝SUMIF(C3：C17，"女"，D3：D17)"，按下 Enter 键，如图 3-48 所示。

步骤 8　计算男生平均成绩。选择 H10 单元格，输入公式"＝H8/H3"，按下 Enter 键，如图 3-49 所示。

步骤 9　计算女生平均成绩。选择 H11 单元格，输入公式"＝H9/H4"，按下 Enter 键，如图 3-49 所示。

步骤 10　计算全班平均成绩。选择 H12 单元格，输入函数"＝AVERAGE(D3：D17)"，按下 Enter 键，如图 3-49 所示。

步骤 11 计算全班最高分和最低分。

1. 选择 H14 单元格，输入函数“=MAX(D3:D17)”，得到全班最高分，如图3-49所示。

2. 选择 H15 单元格，输入函数“=MIN(D3:D17)”，得到全班最低分，如图 3-49所示。

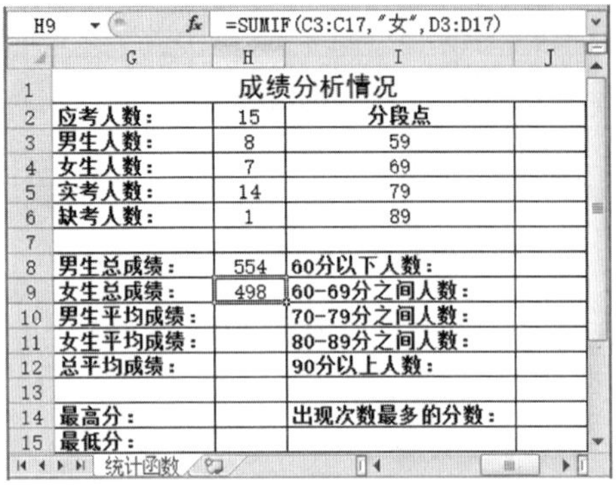

	G	H	I	J
1	成绩分析情况			
2	应考人数：	15	分段点	
3	男生人数：	8	59	
4	女生人数：	7	69	
5	实考人数：	14	79	
6	缺考人数：	1	89	
7				
8	男生总成绩：	554	60分以下人数：	
9	女生总成绩：	498	60-69分之间人数：	
10	男生平均成绩：		70-79分之间人数：	
11	女生平均成绩：		80-89分之间人数：	
12	总平均成绩：		90分以上人数：	
13				
14	最高分：		出现次数最多的分数：	
15	最低分：			

图 3-48 用 SUMIF 函数计算女生总成绩

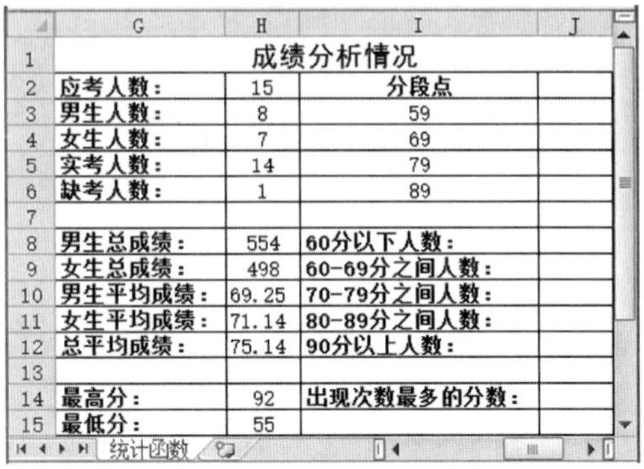

	G	H	I	J
1	成绩分析情况			
2	应考人数：	15	分段点	
3	男生人数：	8	59	
4	女生人数：	7	69	
5	实考人数：	14	79	
6	缺考人数：	1	89	
7				
8	男生总成绩：	554	60分以下人数：	
9	女生总成绩：	498	60-69分之间人数：	
10	男生平均成绩：	69.25	70-79分之间人数：	
11	女生平均成绩：	71.14	80-89分之间人数：	
12	总平均成绩：	75.14	90分以上人数：	
13				
14	最高分：	92	出现次数最多的分数：	
15	最低分：	55		

图 3-49 计算相关成绩

步骤 12 统计各分数段的人数。选择 J8:J12 单元格，输入公式“=FREQUENCY(D3:D17,I3:I6)”，按下“Ctrl+Shift+Enter”组合键，结果如图 3-50所示。

步骤 13 统计出现次数最多的分数。选择 J14 单元格，输入函数“=MODE(D3:D17)”，按下 Enter 键，得到出现次数最多的分数是“86”，如图 3-51 所示。

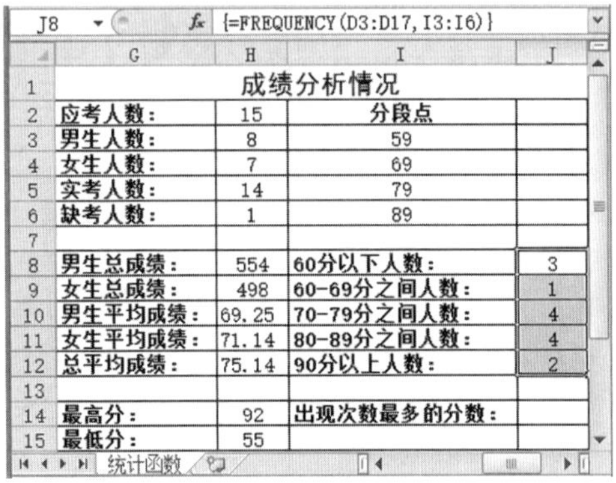

	G	H	I	J
1	成绩分析情况			
2	应考人数：	15	分段点	
3	男生人数：	8	59	
4	女生人数：	7	69	
5	实考人数：	14	79	
6	缺考人数：	1	89	
7				
8	男生总成绩：	554	60分以下人数：	3
9	女生总成绩：	498	60-69分之间人数：	1
10	男生平均成绩：	69.25	70-79分之间人数：	4
11	女生平均成绩：	71.14	80-89分之间人数：	4
12	总平均成绩：	75.14	90分以上人数：	2
13				
14	最高分：	92	出现次数最多的分数：	
15	最低分：	55		

图 3-50 使用 FREQUENCY 数组函数

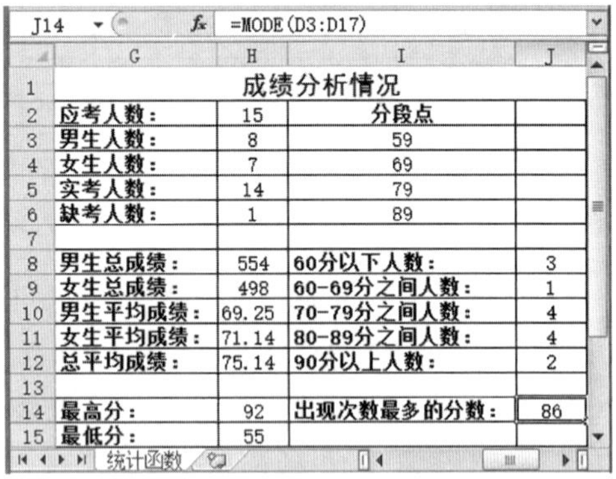

	G	H	I	J
1	成绩分析情况			
2	应考人数：	15	分段点	
3	男生人数：	8	59	
4	女生人数：	7	69	
5	实考人数：	14	79	
6	缺考人数：	1	89	
7				
8	男生总成绩：	554	60分以下人数：	3
9	女生总成绩：	498	60-69分之间人数：	1
10	男生平均成绩：	69.25	70-79分之间人数：	4
11	女生平均成绩：	71.14	80-89分之间人数：	4
12	总平均成绩：	75.14	90分以上人数：	2
13				
14	最高分：	92	出现次数最多的分数：	86
15	最低分：	55		

图 3-51 使用 MODE 函数

步骤 14 按照成绩进行排名。选择 E3 单元格，输入函数“=RANK(D3,$D$3:$D$17)”，按下 Enter 键，利用填充柄向下填充。完成的成绩分析情况表效果如图 3-52 所示。

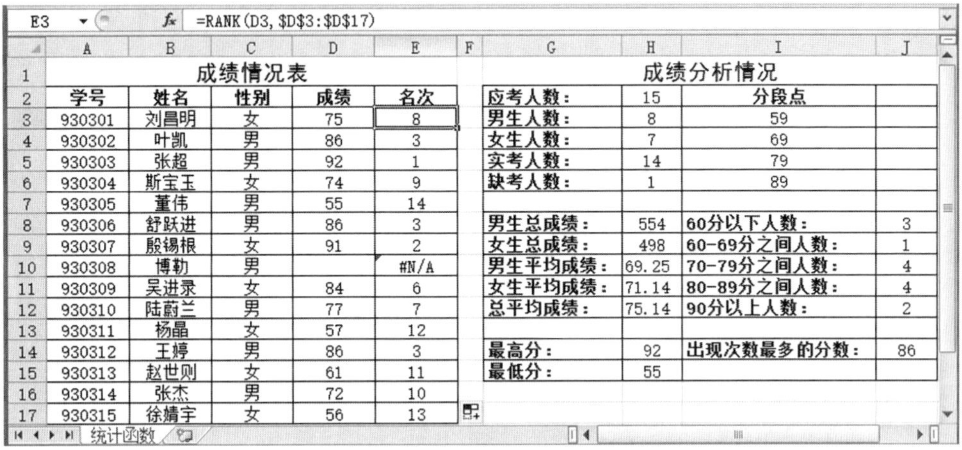

成绩情况表

学号	姓名	性别	成绩	名次
930301	刘昌明	女	75	8
930302	叶凯	男	86	3
930303	张超	男	92	1
930304	斯宝玉	女	74	9
930305	董伟	男	55	14
930306	舒跃进	男	86	3
930307	殷锡根	女	91	2
930308	博勒	男		#N/A
930309	吴进录	女	84	6
930310	陆蔚兰	男	77	7
930311	杨晶	女	57	12
930312	王婷	男	86	3
930313	赵世则	女	61	11
930314	张杰	男	72	10
930315	徐婧宇	女	56	13

成绩分析情况

应考人数：	15	分段点	
男生人数：	8	59	
女生人数：	7	69	
实考人数：	14	79	
缺考人数：	1	89	
男生总成绩：	554	60分以下人数：	3
女生总成绩：	498	60-69分之间人数：	1
男生平均成绩：	69.25	70-79分之间人数：	4
女生平均成绩：	71.14	80-89分之间人数：	4
总平均成绩：	75.14	90分以上人数：	2
最高分：	92	出现次数最多的分数：	86
最低分：	55		

图 3-52　最终完成的成绩分析情况表

实验 5　数据排序与分类汇总

实验目的

1. 通过对工作表中多重排序的设定，实现多字段分类汇总。

2. 掌握排序和分类汇总的基本操作方法，对数据进行分析。

任务描述

1. 对销售统计表进行排序。要求以“部门”为主要关键字、“业务员”为次要关键字进行多重排序。

2. 建立多字段分类汇总。实现按业务部门进行分类汇总，同一个业务部门的按照业务员进行分类汇总。

3. 将汇总后的结果复制到 Sheet2 表中。

操作步骤

步骤 1　进行多重排序。

1. 单击数据清单中任一单元格，再单击“数据”选项卡→“排序和筛选”组→“排序”按钮，弹出“排序”对话框。

2. 在“主要关键字”下拉菜单中选择“部门”，选择“升序”，单击“添加条件”按钮;在"次要关键字"下拉菜单中选择"业务员",也选择"升序",如图 3-53 所示,单击"确定"按钮。

图 3-53　多重排序

步骤 2　建立多字段分类汇总。

1.单击"数据"选项卡→"分级显示"组→"分类汇总"按钮,在弹出的"分类汇总"对话框中,"分类字段"下拉列表框中选择"部门","汇总方式"下拉列表框中选择"求和","选定汇总项"下拉列表框中勾选"金额"项,并勾选"汇总结果显示在数据项下方"复选框,如图 3-54 所示,单击"确定"按钮。

2.单击"数据"选项卡→"分级显示"组→"分类汇总"按钮,在弹出的"分类汇总"对话框中,"分类字段"下拉列表框中选择"业务员","汇总方式"下拉列表框中选择"求和","选定汇总项"下拉列表框中勾选"金额"项,取消勾选"替换当前分类汇总"复选框,如图 3-55 所示,单击"确定"按钮。

图 3-54　按"部门"分类汇总

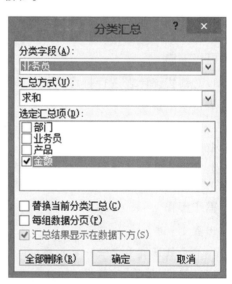

图 3-55　按"业务员"分类汇总

建立多字段分类汇总后的结果如图 3-56 所示。

1 2 3 4		A	B	C	D
1		部门	业务员	产品	金额
2		业务1部	牛召明	CRT电视机	76400
3		业务1部	牛召明	等离子电视机	109800
4		业务1部	牛召明	液晶电视机	88400
5			牛召明 汇总		274600
6		业务1部	王小东	CRT电视机	137000
7		业务1部	王小东	背投电视机	42600
8		业务1部	王小东	等离子电视机	56200
9			王小东 汇总		235800
10		业务1部 汇总			510400
11		业务2部	刘蔚	CRT电视机	109000
12		业务2部	刘蔚	等离子电视机	97200
13		业务2部	刘蔚	液晶电视机	111400
14			刘蔚 汇总		317600
15		业务2部	孙安才	等离子电视机	35000
16		业务2部	孙安才	液晶电视机	14400
17			孙安才 汇总		49400
18		业务2部	王浦泉	CRT电视机	4800
19		业务2部	王浦泉	等离子电视机	9000
20		业务2部	王浦泉	液晶电视机	22600
21			王浦泉 汇总		36400
22		业务2部 汇总			403400
23		业务3部	李呈选	CRT电视机	37600
24		业务3部	李呈选	背投电视机	33200
25		业务3部	李呈选	等离子电视机	37000
26		业务3部	李呈选	液晶电视机	155000

图 3-56　多重分类汇总后的结果

步骤 3　复制汇总后的结果。

1. 选择 3 级汇总,再选择 A1:D36 单元格区域,然后选择"开始"选项卡→"编辑"组→"查找和选择"→"定位条件"命令,弹出如图 3-57 所示窗口。

2. 选择"可见单元格",单击"确定"按钮。

3. 按下"Ctrl＋C"组合键。

4. 单击 Sheet2 的 A1 单元格,按下"Ctrl＋V"组合键,得到如图 3-58 所示结果。

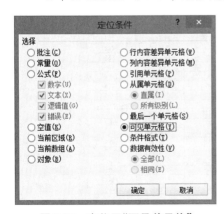

图 3-57　定位至"可见单元格"

	A	B	C	D
1	部门	业务员	产品	金额
2		牛召明 汇总		274600
3		王小东 汇总		235800
4	业务1部 汇总			510400
5		刘蔚 汇总		317600
6		孙安才 汇总		49400
7		王浦泉 汇总		36400
8	业务2部 汇总			403400
9		李呈选 汇总		262800
10		李青 汇总		78400
11		唐爱民 汇总		133800
12	业务3部 汇总			475000
13	总计			1388800

图 3-58　复制汇总结果

实验6   数据筛选

实验目的

通过对工作表中数据进行简单筛选、组合筛选、自定义筛选、高级筛选等操作，熟练掌握自动筛选和高级筛选的操作方法，并了解其差别。

任务描述

分别用自动筛选和高级筛选两种方法实现对销售统计表的条件筛选。具体要求如下：

1.筛选条件：销售数量大于3，所属部门为"市场1部"，销售金额大于1500元。

2.自动筛选的结果存放在 Sheet2 的 A—G 列，高级筛选的结果存放在 I—O 列。

操作步骤

步骤1   自动筛选。

1.单击数据列表中的任一单元格，单击"数据"选项卡→"排序和筛选"组→"筛选"按钮。数据列表中第一行的各列中将显示一个下拉按钮，如图3-59所示。

2.选择"销售数量"→"数字筛选"→"自定义筛选"，弹出"自定义自动筛选方式"对话框，设置"销售数量"为"大于"、"3"，如图3-60所示。

图 3-59   自动筛选数据列表

3.选择"所属部门"→"市场 1 部"。

4.选择"销售金额"→"数字筛选"→"自定义筛选",弹出"自定义自动筛选方式"对话框,设置"销售金额"为"大于"、"1500",如图 3-61 所示。

图 3-60 自定义"销售数量大于 3" 　　　图 3-61 自定义"销售金额大于 1500"

5.自动筛选后的结果如图 3-62 所示。将其复制后粘贴到 Sheet2 的 A1 单元格中。

	A	B	C	D	E	F	G
1			销 售 统 计 表				
2	产品型号	产品名称	产品单价	销售数量	经办人	所属部门	销售金额
9	A03	卡特报警器	488	4	刘 惠	市场1部	1952
19	A011	卡特定位扫描枪	468	4	刘 惠	市场1部	1872
21	A03	卡特报警器	488	4	许 丹	市场1部	1952
24	A02	卡特刷卡器	568	4	刘 惠	市场1部	2272
28	A01	卡特扫描枪	368	5	许 丹	市场1部	1840
31	B01	卡特扫描系统	988	4	刘 惠	市场1部	3952
34	A011	卡特定位扫描枪	468	4	许 丹	市场1部	1872
38	B01	卡特扫描系统	988	5	刘 惠	市场1部	4940

图 3-62 自动筛选后的销售统计表

6.撤销自动筛选:单击"数据"选项卡→"排序和筛选"组→"筛选"按钮。

步骤 2 高级筛选。

1.设置高级筛选条件,如图 3-63 所示。

2.单击"数据"选项卡→"排序和筛选"组→"高级"按钮,弹出"高级筛选"对话框。

3.设置列表区域为"＄A＄2:＄G＄44",条件区域为"＄I＄3:＄K＄4",如图 3-64 所示。

图 3-63 高级筛选条件区域 　　　图 3-64 设置列表和条件区域

4. 单击"确定"按钮,完成高级筛。

5. 将高级筛选后的结果复制并粘贴到 Sheet2 的 I1 单元格中,如图 3-65 所示。

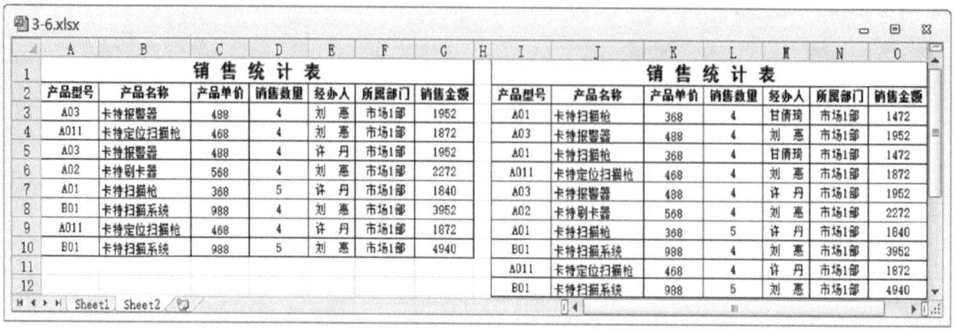

图 3-65　高级筛选后的销售统计表

6. 取消高级筛选:单击"数据"选项卡→"排序和筛选"组→"清除"按钮。

实验 7　数据透视表和数据透视图

实验目的

通过建立数据透视表和数据透视图,理解数据透视表和数据透视图对于数据分析和处理的作用,以及数据透视表作为交互式表格的作用、数据透视图作为动态图表的功能。

任务描述

用二维表创建数据透视表和数据透视图。具体要求如下:

1. 利用数据透视表,将二维表转换为一维表。

2. 在一维表的基础上,建立数据透视表和数据透视图。

3. 行标签区域为"商店",列标签区域为"产品",数值区域为销量的平均值,将对应的数据透视表保存在 Sheet3 中。

4. 新建数据透视图 Chart1,该图显示"每家商店酸牛奶的总销量情况"。

操作步骤

步骤 1　利用数据透视表,将二维表转换为一维表。

1. 选择二维表 Sheet1 的任意数据区域,按下"Alt＋D＋P"组合键,打开"数据透视表和数据透视图向导"对话框。

2. 在弹出的"数据透视表和数据透视图向导——步骤 1(共 3 步)"对话框中,选择"多重合并计算数据区域"项与"数据透视表"项,单击"下一步"按钮,如图 3-66 所示。

3. 在"数据透视表和数据透视图向导——步骤 2a(共 3 步)"对话框中选择"创建单页字段",单击"下一步"。

4. 在"数据透视表和数据透视图向导——步骤 2b(共 3 步)"对话框中"选定区域"为"Sheet1!＄A＄1:＄F＄10"(整个二维表),单击"添加"按钮,加入"所有区域"中,再单击"下一步",如图 3-67 所示。

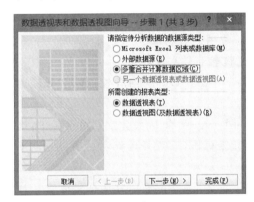 

图 3-66　步骤 1　　　　　　图 3-67　步骤 2b

5. 在"数据透视表和数据透视图向导——步骤 3(共 3 步)"对话框中,"数据透视表显示位置"为"新工作表"项,单击"完成"按钮。创建完成的数据透视表如图 3-68 所示。

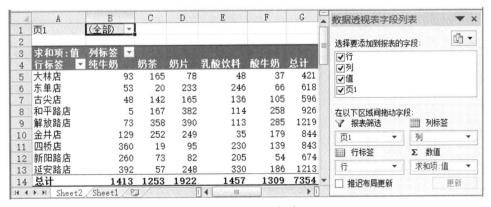

图 3-68　数据透视表

6.用鼠标将行列按钮分别从数据透视表中拖走,整理后的数据透视表如图3-69所示。

图 3-69　整理后的表

7.双击 A4 单元格(唯一汇总数据),系统自动创建一个一维工作表。

8.修改该一维表的列标题,分别为"商店"、"产品"和"销量",同时删掉第四列。至此,该一维表可以作为数据透视表和数据透视图的数据源。

步骤 2　在一维表的基础上,建立数据透视表和数据透视图。

1.选择一维表 Sheet3 任意数据区域,按下"Alt＋D＋P"组合键,打开"数据透视表和数据透视图向导"对话框。

2.在弹出的"数据透视表和数据透视图向导——步骤1(共 3 步)"对话框中,选择"Microsoft Excel 列表或数据库"项与"数据透视图(及数据透视表)"项,单击"下一步"按钮。

3.在"数据透视表和数据透视图向导——步骤 2(共 3 步)"对话框中选定区域为"＄A＄1：＄C＄46",单击"下一步"按钮。

4.在"数据透视表和数据透视图向导——步骤 3(共 3 步)"对话框中,选择"数据透视表显示位置"为"新工作表"项,单击"完成"按钮。数据透视表和数据透视图将自动创建在 Sheet4 工作表中,如图 3-70 所示。

图 3-70　数据透视表

5.在"数据透视表字段列表"对话框中,将"商店"拖到"行标签","产品"拖到"列标签","销量"拖到"数值"区域,如图 3-71 所示。

6.默认情况下,数值区域的"销量"为"求和项:销量",单击该按钮后,在弹出的菜单上选择"值字段设置",并在"值汇总方式"选项卡上的"值字段汇总方式"列表框中改为"平均值",如图 3-72 所示,单击"确定"按钮。最终生成的数据透视表和数据透视图如图 3-73 所示。

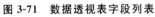

图 3-71 数据透视表字段列表

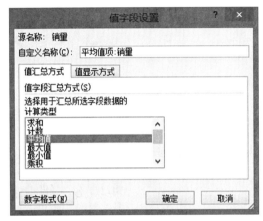

图 3-72 值字段设置

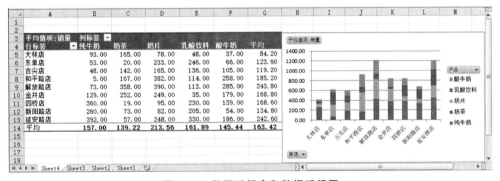

图 3-73 数据透视表和数据透视图

步骤 3 修改数据透视图,使其显示"每家商店酸牛奶的总销量情况"。

1.选中数据透视图,右击左上角"平均值项:销量"按钮,在弹出的菜单上选择"值字段设置",将汇总方式改为"求和"。

2.单击右边图例上的"产品"下拉列表框,取消所有的产品,只选择"酸牛奶",如图 3-74 所示。

3.最终效果如图 3-75 所示。

图 3-74 只选"酸牛奶"

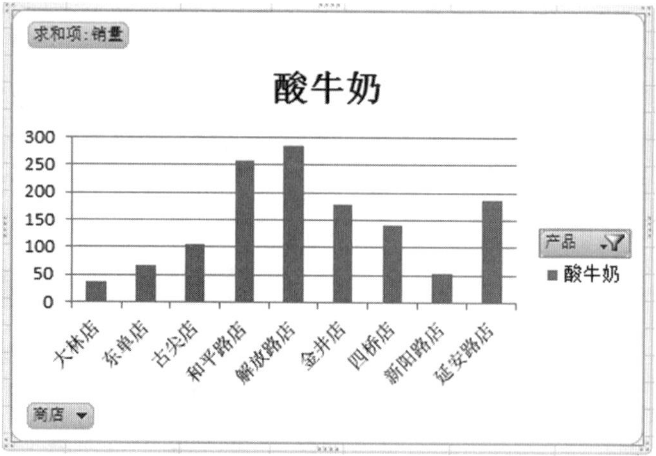

图 3-75 "每家商店酸牛奶的总销量情况"透视图

实验 8 综合练习 1

实验目的

1. 复习和巩固 REPLACE 函数,完成对字符型数据的插入、删除和替换。

2. 复习和巩固如何使用数学和逻辑函数进行判断和计算。

3. 复习和巩固使用条件格式对数据进行满足一定条件后的格式化设置。

4. 复习和巩固使用日期或时间函数对类似工龄或年龄类数据进行计算。

5. 复习和巩固使用数组公式进行计算。

6. 复习和巩固使用 RANK 函数对数据进行排名。

7. 复习和巩固如何创建数据透视表。

8. 复习和巩固使用自定义序列对数据进行排序。

任务描述

小王在某公司的人事部门工作,因公司规模扩大,需要对职工进行分类管理,同时还需引入年假计算等新的人事管理模式,因此需要在原来职工信息的基础上,批量修改职工号,同时引入计算职工个人所得税的九级计税制和年假休息制。根据公司要求,小王制作了如图 3-76 所示的表格,并需要完成如下任务。

员工编号	员工新编号	员工姓名	性别	出生年月	身份证号	部门	月工资	加入公司时间	工龄	工龄工资	应发工资	代缴个税	实发工资	排名	年假
						员工基本信息表									
9901		李勇			330675196706154485	行政部	¥6,000	2002/9/1							
9902		王伟			330675196708154432	研发部	¥5,000	2004/9/1							
9903		叶丽			330675195302215412	市场部	¥2,000	2001/9/1							
9904		朱斌			330675198603301836	企划部	¥2,500	1999/9/1							
9905		张涛			330675195308032859	广告部	¥2,600	1997/9/7							
9906		袁野			330675195905128755	人力资源部	¥3,500	1995/9/1							
9907		王品			330675197211045896	行政部	¥4,000	1998/9/1							
9908		明静			330675198807015258	广告部	¥5,500	1996/9/1							
9909		邓飞			330675197304178789	企划部	¥4,000	1997/9/1							
9910		赵飞			330675195410032235	市场部	¥5,000	2000/9/1							
9911		曹涛			330675196403312584	研发部	¥2,000	2003/9/1							
9912		童辉			330675198505088895	研发部	¥4,000	2001/9/1							
9913		郑玉			330675197711252148	人力资源部	¥3,000	2001/9/1							
9914		李洁			330675198109162356	行政部	¥2,000	2002/9/1							
9915		熊龍			330675198305041417	行政部	¥5,000	1999/9/1							
9916		朱博			330675196604202874	广告部	¥4,000	1992/9/1							
9917		刘龙			330675197608145853	广告部	¥6,000	1995/9/1							
9918		魏朋			330675197209012581	研发部	¥5,000	1996/9/1							
9919		张宇			330675195708048452	企划部	¥2,000	1999/9/1							
9920		刘华			330675196809082217	市场部	¥3,000	1995/9/1							
9921		戴刚			330675195306042235	广告部	¥4,000	1996/9/1							
9922		谢冰			330675196806042584	研发部	¥5,000	1994/9/1							
9923		张浩			330675198303088895	市场部	¥4,000	1998/9/1							
9924		尚林			330675197802052148	人力资源部	¥6,000	1996/9/1							
9925		李娜			330675198205072356	人力资源部	¥3,000	1998/9/1							
9926		董洁			330675198608061417	企划部	¥2,000	2000/9/1							
9927		苏洁			330675196905102874	广告部	¥3,000	2001/9/1							
9927		张明			330675197605045853	人力资源部	¥3,000	2000/9/1							
9927		周洁			330675197500824258	研发部	¥5,000	1998/9/1							

图 3-76　员工基本信息表

实验 8-1

使用 REPLACE 函数更改职工的编号,要求在原职工编号前加一个类别标识"A",例如原编号为"9901"的职工,新编号更改为"A9901"。

操作步骤

步骤 1　选择 B3 单元格,输入函数"＝REPLACE(A3,1,0,"A")",按 Enter 键。

步骤 2　检查 B3 单元格是否显示正确的结果"A9901",若是,则利用填充柄向下填充至 B31 单元格。

说明:REPLACE 函数不仅可以实现对字符串的部分数据进行删除和修改,而且还可将新的字符串插入到原字符串内。其格式为:REPLACE(old_text, start_num, num_chars, new_text),主要参数有 4 个,分别是:

(1)old_text:是要替换其部分字符的文本。

(2)start_num:是要用 new_text 替换的 old_text 中字符的起始位置。

(3)num_chars:是 REPLACE 使用 new_text 替换 old_text 中字符的个数。

(4)new_text:是将用于替换 old_text 中字符的文本。

若将 B3 单元格中的函数更改为"＝REPLACE(A3,2,1,"A")",则在 B3 单元格中的显示结果为"9A01",表明是对原字符串"9901"中的第 2 个字符用新字符串"A"来替换;若将 B3 单元格中的函数更改为"＝REPLACE(A3,2,1,"")",则在 B3 单元格的显示结果为"901",表明对原字符串的第 2 个字符进行删除。

实验 8-2

利用身份证号倒数第 2 位的数字为每个职工进行性别填充,若该数字为奇数,则性别填充为"男",否则填充为"女"。

操作步骤

步骤 1 选择 D3 单元格,输入函数"＝IF(MOD(VALUE(MID(F3,17,1)),2)＝1,"男","女")",按 Enter 键。

步骤 2 检查 D3 单元格是否显示正确的结果"女"。若是,则利用填充柄向下填充至 D31 单元格。

说明:

1. MID 函数:返回文本字符串中从指定位置开始的特定数目的字符。其格式为:MID(text,start_num,num_chars),主要参数有三个,分别是:

(1)text:是包含要提取字符的文本字符串。

(2)start_num:是文本中要提取的第一个字符的位置。文本中第一个字符的 start_num 为 1,以此类推。

(3)num_chars:指定希望 MID 函数从文本中返回字符的个数。

2. VALUE 函数:将代表数字的文本字符串转换成数字。其格式为:VALUE(text),参数只有一个 text,text 为带引号的文本,或对包含要转换文本的单元格的引用。

3. MOD 函数:返回两数相除的余数,结果的正负号与除数相同。其格式式为:MOD(number,divisor),主要参数有 2 个,分别是:

(1)number:被除数,若单元格内的数据为数字字符串,需要先使用 VALUE 函数将其转换成数字。

(2)divisor:除数,若单元格内的数据为数字字符串,需要先使用 VALUE 函数将其转换成数字。

若在 D3 单元格中输入函数"＝MOD(7,3)",则 D3 单元格显示的结果为 1。

实验 8-3

使用"&"运算符和 MID 函数,依据职工的身份证号码计算出生年月日,"出生年月日"列的填充格式为 YYYY－MM－DD(字符型)。其中:YYYY 为职工出生的年份,MM 为职工出生的月份,DD 为职工出生的日子。

操作步骤

步骤 1　选择 E3 单元格,输入公式"＝MID(F3,7,4)& "-" & MID(F3,11,2) & "-" & MID(F3,13,2)"。

步骤 2　检查 E3 单元格是否显示正确的结果"1967-06-15"。若是,则利用填充柄向下填充至 E31 单元格。

实验 8-4

根据"月工资"列的数据,使用条件格式进行设置,月工资列中超过 5000 的单元格采用红色加粗显示,低于 3000 的单元格采用蓝色加粗显示,其余保持不变。

操作步骤

步骤 1　选定 H3:H31 单元格区域。

步骤 2　单击"开始"选项卡→"样式"组→"条件格式"→"新建规则",在"选择规则类型"列表框中选择"只为包含以下内容的单元格设置格式",在"编辑规则说明"列表框中,依次选择"单元格值"、"大于"、键入"5000"值,单击"格式"按钮,在弹出的"设置单元格格式"对话框中,设置"字形"为"加粗","颜色"为"红色"。

步骤 3　使用同样方法新建格式规则,条件为"单元格值小于 3000",字形和颜色分别设置"加粗"和"蓝色",如图 3-77 所示。

图 3-77　"新建格式规则"对话框

实验 8-5

使用公式计算出工龄,工龄的计算方式为:当前年份－加入公司的年份。

操作步骤

步骤 1 选择 J3 单元格,输入公式"＝YEAR(NOW())－YEAR(I3)"。

步骤 2 检查 J3 单元格是否显示正确的结果"12"(由于本书是在 2014 年完成的,因此当前的年份为 2014 年,即 J3 单元格的计算结果为 12)。若是,则利用填充柄向下填充至 J31 单元格。

说明:

1. NOW 函数:返回的是当前的日期和时间,它可结合 YEAR、MONTH、DAY、HOUR、MINUTE 和 SECOND 函数求得当前的年、月、日、时、分和秒。NOW 函数不需要指定参数,但 NOW 后面的一对括号不能省略。

2. YEAR 函数:返回某日期所对应的年份,它的参数只有一个,必须是日期型或日期时间型数据。

3. 本题的公式可更改为"＝YEAR(TODAY())－YEAR(I3)",即可用 TODAY()替代 NOW(),所不同的是 TODAY 函数只返回当前的日期,而不返回当前的时间。

实验 8-6

根据工龄,计算每个员工的工龄工资,工龄工资的上限是 500,工龄工资为 30 元/年。

操作步骤

步骤 1 选择 K3 单元格,输入公式"＝IF(J3 * 30＞500,500,J3 * 30)"。

步骤 2 检查 K3 单元格是否显示正确的结果"360"。若是,则利用填充柄向下填充至 K31 单元格。

实验 8-7

使用数组公式,计算每个职工的应发工资。计算公式:应发工资＝月工资＋工龄工资。

操作步骤

步骤 1 选定 L3:L31 单元格区域。

步骤 2 在编辑栏中输入"＝"后,选择单元格区域 H3:H31,再输入"＋",然后选择单元格区域 K3:K31,此时在编辑栏中显示公式"=H3:H31+K3:K31",按下"Ctrl+Shift+Enter"组合键。

 说明:使用数组公式计算数据的好处在于某个目标单元格的公式和数据不能随意修改。若要修改,则必须修改所有目标单元格的公式才可以,因此从某种意义上可保护公式和数据不被非法篡改。

若修改所有目标单元格的公式,必须先选择所有目标单元格,将公式修改后必须按"Ctrl+Shift+Enter"组合键才可完成修改任务。

实验 8-8

使用九级计税制①计算每个职工的代缴个税,九级计税制的计税方法如表 3-1所示。

表 3-1　九级计税制

级　别	应发工资	税　率
0	2000 元或以下	0
1	2000 元至 2500 元间部分	5%
2	2500 元至 4000 元间部分	10%
3	4000 元至 7000 元间部分	15%
4	7000 元至 22000 元间部分	20%
5	22000 元至 42000 元间部分	25%
6	42000 元至 62000 元间部分	30%
7	62000 元至 82000 元间部分	45%
8	82000 元至 102000 元间部分	40%
9	102000 元至 999999999 元间部分	45%

操作步骤

步骤 1　选择 M3 单元格,输入公式"=SUM((L3-{2000,2500,4000,7000}>0)*(L3-{2000,2500,4000,7000})*0.05)"。

---

①　我国自 2011 年 9 月 1 日起实施《个人所得税法》修正案,将个税起征点由原来的 2000 元提高到 3500元,适用超额累进税率为 3%~45%,由原九级计税制改为七级计税制。因操作系统原因,本实验举例仍使用旧税制,由于原理相同,同学们通过学习也能掌握使用最新个税制进行计算的方法。

步骤 2 检查 M3 单元格是否显示正确的结果"529"。若是,则利用填充柄向下填充至 M31 单元格。

说明:使用数组形式来计算个税是一种比较新颖的方法,本题就以第一行数据为例进行解释。

在应发工资为 6360 元的个税计算中,使用上述公式时,其执行公式的原理如下:

(1)计算应发工资—数组中的第一个元素值,即 6360−2000,结果为 4360,由于该结果大于 0,即条件 L3−{2000,2500,4000,7000}>0 满足,因此该表达式的返回值为 1,从而得到目标数组中的第一个元素值,即 (L3−{2000,2500,4000,7000})×0.05=218;

(2)计算应发工资—数组中的第二个元素值,即 6360−2500,结果为 3860,由于条件 L3−{2000,2500,4000,7000}>0 也满足,因此该表达式的返回值为 1,从而得到目标数组中的第二个元素值,即 (L3−{2000,2500,4000,7000})×0.05=193;

(3)计算应发工资—数组中的第三个元素值,即 6360−4000,结果为 2360,由于条件 L3−{2000,2500,4000,7000}>0 也满足,因此该表达式的返回值为 1,从而得到目标数组中的第三个元素值,即 (L3−{2000,2500,4000,7000})×0.05=118;

(4)计算应发工资—数组中的第四个元素值,即 6360−7000,结果为 −640,由于条件 L3−{2000,2500,4000,7000}>0 不再满足,因此该表达式的返回值为 0,从而得到目标数组中的第四个元素值,即 0。

(5)最后将目标数组中所有元素进行求和(SUM),即应发工资为 6360 元的职工应缴的个税为 529 元。

至于该公式的数学原理,请同学们自己推导和演绎。

由于本案例中所有职工的应发工资都在 7000 元以下,为节省计算时间,因此个税的级别只计算到第 3 级。

实验 8-9

使用数组公式,计算每位职工的实发工资。根据实发工资,使用 RANK 函数对每位职工进行排名,实发工资高的排在前面。

操作步骤

步骤 1 使用实验 8-7 的方法完成 N3:N31 单元格中实发工资的数组公式计算。

步骤 2 选择 O3 单元格,输入函数"=RANK(N3,$N$3:$N$31,0)"。

步骤 3　检查 O3 单元格是否显示正确的结果"4"，若是。则利用填充柄向下填充至 O31 单元格。

说明:RANK 函数返回一个数字在数字列表中的排位。数字的排位是其大小与列表中其他值的比值(如果列表已排过序,则数字的排位就是它当前的位置)。一般要求列表其他值所对应的单元格需要使用绝对引用。其格式为:RANK(number,ref,[order]),主要参数有 3 个,分别是:

(1)number:需要找到排位的数字。

(2)ref:数字列表数组或对数字列表的引用。ref 中的非数值型值将被忽略。

(3)order 为一数字,指明数字排位的方式。如果 order 为零或省略,对数字的排位是基于 ref 为按照降序排列的列表。如果 order 不为零,对数字的排位是基于 ref 为按照升序排列的列表。

最后的结果是若出现相同的数值,而排列的序号为相同,即显示并列第几名,后面按自然序号再进行排列。

实验 8-10

根据工龄计算年假的天数,计算方法为:工龄小于 1 年,年假为 0;工龄大于等于 1 年但小于等于 3 年,年假为 7 天;如果工龄大于 3 年,年假为 7 天+(工龄-2)。

操作步骤

步骤 1　选择 P3 单元格,输入函数"=IF(J3=0,1,IF(AND(J3≥1,J3<=3),7,7+J3-2))"。

步骤 2　检查 P3 单元格是否显示正确的结果"17"。若是,则利用填充柄向下填充至 P31 单元格。

实验 8-11

将工作表 Sheet1 内的数据复制到 Sheet2,根据 Sheet2 的数据建立一张数据透视表,具体要求如下:

1.将 Sheet2 的数据先按"部门"进行分类,然后再对每个"部门"的"性别"进行分类,分别计算每个类别中的"人数"、"月工资"、"工龄工资"、"应发工资"、"代缴个税"和"实发工资"的和,最后隐藏各分类的行汇总,仅保留一个"总计"信息。

2.将"部门"和"性别"放在行标签区域。

3.在数值区域分别首先添加"性别"的计数项,然后添加"月工资"、"工龄工资"、"应发工资"、"代缴个税"和"实发工资"的求和项。

4.生成的数据透视表保存到 Sheet3 中从 A1 单元格开始的区域。

5.最后将 Sheet3 内数据字体大小设置成"10 磅",将工作表名更改为"数据透视表"。

6.具体的效果图如图 3-78 所示。

行标签	计数项:性别	求和项:月工资	求和项:工龄工资	求和项:应发工资	求和项:代缴个税	求和项:实发工资
广告部	6	28100	2890	30990	2143.5	28846.5
男	6	28100	2890	30990	2143.5	28846.5
行政部	4	17000	1650	18650	1186.5	17463.5
男	3	11000	1290	12290	657.5	11632.5
女	1	6000	360	6360	529	5831
企划部	4	10500	1820	12320	363.5	11956.5
男	3	6500	1320	7820	113.5	7706.5
女	1	4000	500	4500	250	4250
人力资源部	5	18500	2290	20790	1079	19711
男	3	9500	1400	10900	415	10485
女	2	9000	890	9890	664	9226
市场部	4	14000	1790	15790	779.5	15010.5
男	4	14000	1790	15790	779.5	15010.5
研发部	6	26000	2500	28500	1817	26683
男	3	14000	1170	15170	1000.5	14169.5
女	3	12000	1330	13330	816.5	12513.5
总计	29	114100	12940	127040	7369	119671

Sheet1　Sheet2　Sheet3

图 3-78　生成的数据透视表效果图

操作步骤

步骤 1　单击 Sheet2 数据清单中任一单元格,按下"Alt+D+P"组合键,打开"数据透视表和数据透视图向导"对话框。

步骤 2　以默认选项进入到"数据透视表和数据透视图向导——步骤 3(共 3 步)"后,单击"完成"按钮,新创建的数据透视表将保存在 Sheet3 工作表中。

步骤 3　在"数据透视表字段列表"对话框中,将"部门"和"性别"拖放到"行标签";将"性别"、"月工资"、"工龄工资"、"应发工资"、"代缴个税"和"实发工资"等字段拖放到"数值"区域,如图 3-79 所示,此时得到的是如图 3-80 所示的数据透视表。

步骤 4　指向数据透视表的任一单元格,单击"开始"选项卡→"样式"组→"套用表格格式"按钮,选择"数据透视表样式中等深浅 15"。

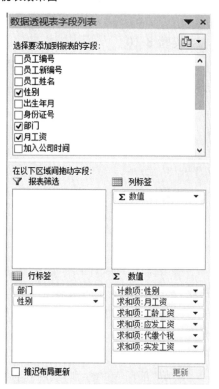

图 3-79　"数据透视表"的"布局"对话框

步骤 5 指向数据透视表内的第一列中的"广告部"单元格的最前面单击"一"，此时该部门按"性别"分类汇总处于折叠状态，"一"变成"＋"，再单击"＋"则又切换到展开状态，如图 3-80 所示。

	A	B	C	D	E	F	G
1	行标签 ▼	计数项:性别	求和项:月工资	求和项:工龄工资	求和项:应发工资	求和项:代缴个税	求和项:实发工资
2	⊞广告部	6	28100	2890	30990	2143.5	28846.5
3	⊟行政部	4	17000	1650	18650	1186.5	17463.5
4	男	3	11000	1290	12290	657.5	11632.5
5	女	1	6000	360	6360	529	5831
6	⊟企划部	4	10500	1820	12320	363.5	11956.5
7	男	3	6500	1320	7820	113.5	7706.5
8	女	1	4000	500	4500	250	4250
9	⊟人力资源部	5	18500	2290	20790	1079	19711
10	男	3	9500	1400	10900	415	10485
11	女	2	9000	890	9890	664	9226
12	⊟市场部	4	14000	1790	15790	779.5	15010.5
13	男	4	14000	1790	15790	779.5	15010.5
14	⊟研发部	6	26000	2500	28500	1817	26683
15	男	3	14000	1170	15170	1000.5	14169.5
16	女	3	12000	1330	13330	816.5	12513.5
17	总计	29	114100	12940	127040	7369	119671

图 3-80 隐藏各分类行汇总信息

步骤 6 从数据透视表的最后一个单元格开始，往左上方向拖动鼠标选择整张数据透视表，设置字体大小为 10 磅，并将 Sheet3 的工作表名更改为"数据透视表"。

实验 8-12

新建工作表 Sheet4，将 Sheet1 的数据复制到 Sheet4，要求将表格的标题和标题行采用全部格式复制的形式，而表格内的数据采用只复制"值和数字格式"。根据 Sheet4 表的数据，按照"行政部"、"广告部"、"企划部"、"研发部"、"人力资源部"和"市场部"的顺序对所有职工进行排序。

操作步骤

步骤 1 新建工作表 Sheet4，指向 Sheet1 工作表，选择第一行和第二行，单击右键选择"复制"的命令；指向 Sheet4 工作表后，在 A1 单元格上选择"粘贴"的命令。

步骤 2 指向 Sheet1 工作表，选择数据清单内除第一行和第二行外的所有数据，单击右键选择"复制"的命令；指向 Sheet4 工作表后，在 A3 单元格上单击右键，选择"选择性粘贴"的命令，在出现的"选择性粘贴"对话框中选择"值和数字格式"后，单击"确定"按钮，如图 3-81 所示。

步骤 3 再将数据区域行高、列宽和字体大小设置成相应的参数，这部分由同学们自行调节。

步骤 4 选择"文件"菜单→"选项"命令，在弹出的"Excel 选项"对话框中选择

"高级"选项卡,然后在"常规"项下单击"编辑自定义列表"按钮,在"自定义序列"列表框中选择"新序列"选项,然后在"输入序列"编辑框中依次输入"行政部"、"广告部"、"企划部"、"研发部"、"人力资源部"和"市场部",在键入每个元素后均需按Enter 键。

步骤 5 整个序列输入完毕后,单击"添加"按钮,即可生成一个自定义序列,如图 3-82 所示。

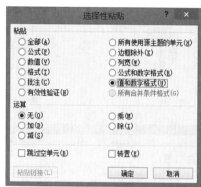

图 3-81 "选择性粘贴"的对话框 图 3-82 "自定义序列"对话框

步骤 6 在工作表 Sheet4 中,单击数据清单的任一单元格,单击"数据"选项卡→"排序和筛选"组→"排序"按钮,弹出"排序"对话框,如图 3-83 所示。在"主要关键字"下拉菜单中选择"部门",在"次序"下拉菜单中选择"自定义序列",在"自定义序列"下的列表框中选择"行政部,广告部,……"的自定义序列后,单击"确定"按钮,就得到如图 3-84 所示的效果。

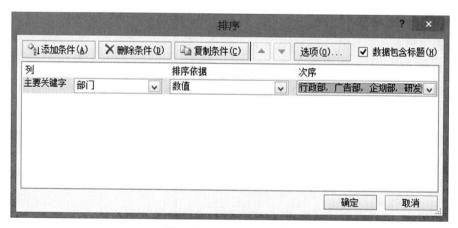

图 3-83 "排序"的对话框

	A	B	C	D	E	F	G	H	I	J	K	L	M	N
1	员工基本信息表													
2	员工编号	员工新编号	员工姓名	性别	出生年月	身份证号	部门	月工资	加入公司时间	工龄	工龄工资	应发工资	代缴个税	实发工资
3	9901	A9901	李勇	女	1967-06-15	330675196706154485	行政部	¥6,000	2002/9/1	12	360	6360	529	5831
4	9907	A9907	王品	男	1972-11-04	330675197211045896	行政部	¥4,000	1998/9/1	16	480	4480	247	4233
5	9914	A9914	李浩	男	1981-09-16	330675198109162356	行政部	¥2,000	2002/9/1	12	360	2360	18	2342
6	9915	A9915	熊能	男	1983-05-04	330675198305041417	行政部	¥5,000	1999/9/1	15	450	5450	392.5	5057.5
7	9905	A9905	张涛	男	1953-08-03	330675195308032859	广告部	¥2,600	1997/9/7	17	500	3100	85	3015
8	9908	A9908	明静	男	1988-07-01	330675198807015258	广告部	¥5,500	1996/9/1	18	500	6000	475	5525
9	9916	A9916	朱博	男	1966-04-20	330675196604202874	广告部	¥4,000	1992/9/1	22	500	4500	250	4250
10	9917	A9917	刘龙	男	1976-08-14	330675197608145853	广告部	¥6,000	1995/9/1	19	500	6500	550	5950
11	9921	A9921	戴刚	男	1953-06-04	330675195306042235	广告部	¥4,000	1996/9/1	18	500	4500	250	4250
12	9927	A9927	苏浩	男	1969-05-10	330675196905102874	广告部	¥6,000	2001/9/1	13	390	6390	533.5	5856.5
13	9904	A9904	朱斌	男	1986-03-30	330675198603301836	企划部	¥2,500	1999/9/1	15	450	2950	70	2880
14	9909	A9909	邓洁	女	1973-04-17	330675197304178789	企划部	¥4,000	1997/9/1	17	500	4500	250	4250
15	9919	A9919	张宇	男	1957-08-04	330675195708048452	企划部	¥2,000	1999/9/1	15	450	2450	22.5	2427.5
16	9926	A9926	董洁	男	1986-08-06	330675198608061417	企划部	¥2,000	2000/9/1	14	420	2420	21	2399
17	9902	A9902	王伟	男	1967-08-15	330675196708154432	研发部	¥5,000	2004/9/1	10	300	5300	370	4930
18	9911	A9911	曾涛	女	1964-03-31	330675196403312584	研发部	¥2,000	2003/9/1	11	330	2330	16.5	2313.5
19	9912	A9912	童辉	男	1985-05-08	330675198505088895	研发部	¥4,000	2001/9/1	13	390	4390	233.5	4156.5
20	9918	A9918	魏朋	女	1972-09-01	330675197209012581	研发部	¥5,000	1996/9/1	18	500	5500	400	5100
21	9922	A9922	谢冰	女	1968-06-04	330675196806042584	研发部	¥5,000	1994/9/1	20	500	5500	400	5100
22	9927	A9927	周洁	男	1975-00-82	3306751975008242581	研发部	¥5,000	1998/9/1	16	480	5480	397	5083
23	9906	A9906	袁野	男	1959-05-12	330675195905128755	人力资源部	¥3,500	1995/9/1	19	500	4000	175	3825
24	9913	A9913	郑玉	女	1977-11-25	330675197711252148	人力资源部	¥3,000	2001/9/1	13	390	3390	114	3276
25	9924	A9924	尚林	女	1978-02-05	330675197802052148	人力资源部	¥6,000	1996/9/1	18	500	6500	550	5950
26	9925	A9925	李娜	男	1982-05-07	330675198205072356	人力资源部	¥3,000	1998/9/1	16	480	3480	123	3357
27	9927	A9927	张明	男	1976-05-04	330675197605045853	人力资源部	¥3,000	2000/9/1	14	420	3420	117	3303
28	9903	A9903	叶丽	男	1953-02-21	330675195302215412	市场部	¥2,000	2001/9/1	13	390	2390	19.5	2370.5
29	9910	A9910	赵飞	男	1954-10-03	330675195410032235	市场部	¥5,000	2000/9/1	14	420	5420	388	5032
30	9920	A9920	刘华	男	1968-09-08	330675196809082217	市场部	¥3,000	1995/9/1	19	500	3500	125	3375
31	9923	A9923	张浩	男	1983-03-08	330675198303088895	市场部	¥4,000	1998/9/1	16	480	4480	247	4233

Sheet1 Sheet2 数据透视表 Sheet4

图 3-84 自定义排序后的数据

实验 9 综合练习 2

实验目的

1. 复习和巩固 VLOOKUP 函数的使用。
2. 学习 MATCH 函数的含义、格式和使用。
3. 复习和巩固 COUNTIF 和 SUMIF 函数的使用。

任务描述

小刘在一个家电商场做销售主管，主要负责商场家电销售员的管理工作，为了方便销售员在日常销售时查询家电信息和自己对家电销售的统计，特意制作了一张家电销售的工作表，其中商品销售明细表如图 3-85 所示。该 Excel 工作表的主要功能有：

1. 销售员只要输入商品的代码，即可自动生成商品名、单价和规格，如图 3-86 所示。

2.销售员可以随时统计自己的销售额,并根据商场的销售提成方案,计算出自己的销售提成。

3.小刘作为销售主管,随时统计各分部的销售额和销售排名。

4.小刘可以统计各商品的销售次数和销售额,并统计在指定日期内的畅销商品名和销售额最高的商品名,如图 3-87 所示。

5.小刘可以统计在指定时间内各商品和所有销售员的销售总金额,并将销售总金额转换成中文大写金额形式。

F	G	H	I	J	K	L	M	N
9 月 份 销 售 统 计 表								
销售总金额				中文大写金额				
销售日期	商品编号	商品名	规格	单价	销售数量	营业员	所属部门	销售金额
2011/9/1	A101				4	印心志	市场1部	
2011/9/1	A102				2	李兰	市场1部	
2011/9/1	A102				2	崔元	市场2部	
2011/9/2	A103				4	刘军辉	市场3部	
2011/9/2	A103				3	印心志	市场1部	
2011/9/2	A104				5	张志	市场2部	
2011/9/5	A104				4	张子进	市场1部	
2011/9/5	A103				1	赵 荣	市场3部	
2011/9/6	A101				3	吴 仕	市场2部	
2011/9/6	A102				3	张子进	市场1部	
2011/9/7	A101				2	李兰	市场1部	
2011/9/7	A103				2	胡兆霞	市场3部	
2011/9/8	A101				4	印心志	市场1部	
2011/9/8	A105				3	李兰	市场1部	
2011/9/9	A101				5	崔元	市场2部	
2011/9/9	A104				4	刘军辉	市场3部	
2011/9/9	A102				4	张子进	市场1部	
2011/9/12	A105				2	张子进	市场1部	
2011/9/12	A104				4	李兰	市场1部	
2011/9/13	A104				3	吴 仕	市场2部	
2011/9/13	A104				5	吴 仕	市场2部	
2011/9/14	A103				4	张子进	市场1部	
2011/9/15	A101				1	李兰	市场1部	
2011/9/15	A103				3	吴 仕	市场2部	
2011/9/16	A103				3	吴 仕	市场1部	

图 3-85　某家电商场 9 月份的销售明细

商场销售产品清单

商品编号	商品名	规格	单价
A101	电冰箱	BCD230L	2850
A102	电视机	TV52	2800
A103	洗衣机	L5KG	2250
A104	空调器	KFR-72LW	5600
A105	热水器	RSQ-1.5KV	2100

销售提成表

销售参考数	销售额类别	提成比例
0.00	5000以下	0.0%
5000.00	5000至7999	1.5%
8000.00	8000至19999	2.0%
20000.00	20000至39999	3.0%
40000.00	40000至59999	4.0%
60000.00	60000以上	5.0%

注：60000以上以60000封顶

图 3-86　商场的销售提成和商品信息

分部销售业绩统计

所属部门	总销售额	销售排名
市场1部		
市场2部		
市场3部		

营业员销售业绩统计

营业员	销售金额	提成
印心志		
李兰		
张子进		
崔元		
张志		
吴　仕		
刘军辉		
胡兆霞		
赵　荣		

商品销售评估系统

销售次数最多的商品			次数	
销售金额最大的商品			交易额	
序号	商品编号	商品名称	销售次数	销售额
1	A101	电冰箱		
2	A102	电视机		
3	A103	洗衣机		
4	A104	空调器		
5	A105	热水器		
合计				

图 3-87　各类统计信息

实验 9-1

根据“商场销售产品清单”中的数据，使用 VLOOKUP 函数，在“9 月份销售统计表”的“商品名”、“规格”和“单价”列中的数据进行自动填充。

操作步骤

步骤 1　选择 H4 单元格，输入函数“=VLOOKUP(G4,$A$2:$D$7,2,FALSE)”。

步骤 2　检查 H4 单元格是否显示正确的结果“电冰箱”。若是，则利用填充柄向下填充至 H28 单元格。

步骤 3　选择 I4 单元格，输入函数“=VLOOKUP(G4,$A$2:$D$7,3,FALSE)”。

步骤 4　检查 I4 单元格是否显示正确的结果“BCD230L”。若是，则利用填充柄向下填充至 I28 单元格。

步骤 5　选择 J4 单元格，输入函数“=VLOOKUP(G4,$A$2:$D$7,4,FALSE)”。

步骤 6　检查 J4 单元格是否显示正确的结果"2850"。若是,则利用填充柄向下填充至 J28 单元格。

实验 9-2

使用数据公式,对"9 月份销售统计表"的"销售金额"列的数据进行计算,计算公式:销售金额＝产品单价×销售数量。

选定 N4:N28 单元格区域,在编辑栏中输入"＝"后,选择单元格区域 J4:J28,再输入" * ",然后再选择单元格区域 K4:K28,此时在编辑栏中显示公式"＝J4:J28 * K4:K28",最后按下"Ctrl＋Shift＋Enter"组合键。

实验 9-3

使用相关的函数,在 H2 单元格中填入销售总金额,销售总金额为所有销售人员的销售金额的总和,并在 M2 单元格内填入销售总金额的中文大写金额,若销售总金额为 12345,则 M2 单元格中显示为"壹万贰仟叁佰肆拾伍"。

操作步骤

步骤 1　选择 H2 单元格,输入函数"＝SUM(N4:N28)"。

步骤 2　选择 L2 单元格,输入公式"＝H2",再右键单击该单元格,在弹出的快捷菜单上选择"设置单元格格式"命令,在弹出的"设置单元格格式"对话框中选中"数字"选项卡,在"分类"列表框中选择"特殊"选项,"类型"列表框中选择"中文大写数字",如图 3-88 所示。

图 3-88　单元格格式设置

实验 9-4

根据"销售金额"列的数据,在"分部销售业绩统计"表中统计出各分部的总销售金额,并使用 RANK 函数对各分部进行排名。

操作步骤

步骤 1 选择 Q3 单元格,输入函数"＝SUMIF($M$4：$M$28,P3,$N$4：$N$28)"。

步骤 2 检查 Q3 单元格是否显示正确的结果"134350"。若是,则利用填充柄向下填充至 Q5 单元格。

步骤 3 选择 R3 单元格,输入函数"＝RANK(Q3,$Q$3：$Q$5,0)"。

步骤 4 检查 R3 单元格是否显示正确的结果"1"。若是,则利用填充柄向下填充至 R5 单元格。

实验 9-5

根据"9 月份销售统计表"中的"销售金额"列的数据,在"营业员销售业绩统计"表中统计出各营业员的总销售金额。根据"销售提成表"的数据和"营业员销售业绩统计"表的总销售金额,使用 VLOOKUP 函数计算每位营业员的提成。

操作步骤

步骤 1 选择 Q9 单元格,输入函数"＝SUMIF($L$4：$L$28,P9,$N$4：$N$28)"。

步骤 2 检查 Q9 单元格是否显示正确的结果"29550"。若是,则利用填充柄向下填充至 Q17 单元格。

步骤 3 选择 R9 单元格,输入函数"＝IF(Q9＞60000,3000,VLOOKUP(Q9,$A$10：$C$16,3,TRUE)＊Q9)"。

步骤 4 检查 R9 单元格是否显示正确的结果"886.5"。若是,则利用填充柄向下填充至 R17 单元格。

实验 9-6

根据"9 月份销售统计表"中的数据,计算"商品销售评估系统"中的"销售次数"和"销售额",并计算"合计"行的数据。

操作步骤

步骤 1 选择 S23 单元格,输入函数"＝COUNTIF($H$4：$H$28,R23)"。

步骤 2 检查 S23 单元格是否显示正确的结果"6"。若是,则利用填充柄向下填充至 S27 单元格。

步骤 3 选择 T23 单元格,输入函数"＝SUMIF($G$4:$G$28,Q23,$N$4:$N$28)"。

步骤 4 检查 T23 单元格是否显示正确的结果"54150"。若是,则利用填充柄向下填充至 T27 单元格。

实验 9-7

根据"商品销售评估系统"中的"销售次数"和"销售额"的数据,计算销售次数最多的商品名称和销售次数并填入相应的单元格;计算销售金额最大的商品名称和交易额并填入相应的单元格。

操作步骤

步骤 1 选择 T20 单元格,输入函数"＝MAX(S23:S27)"。

步骤 2 选择 T21 单元格,输入函数"＝MAX(T23:T27)"。

步骤 3 选择 R20 单元格,输入函数"＝VLOOKUP(MATCH(T20,S23:S27,0),P23:R27,3,0)"。

步骤 4 选择 R21 单元格,输入函数"＝VLOOKUP(MATCH(T21,T23:T27,0),P23:R27,3,FALSE)"。

说明:整个实验中主要用到的函数是 2 个,一个是 VLOOKUP 函数,另一个是 MATCH 函数,现对这 2 个函数进行说明。

(1)VLOOKUP 函数。VLOOKUP 函数是在表格或数值数组的首列查找指定的数值,并由此返回表格或数组中该数值所在行中指定列处的数值。其格式为:

VLOOKUP(lookup_value,table_array,col_index_num,[range_lookup])。

括号里有 4 个参数,其中前 3 个是必需的。

①lookup_value:是一个很重要的参数,需要在表的首列中进行查找的数值,可以是数值、引用或者文本字符串。我们常用的是引用。它只能在 table_array 所指定表格或数组的首列中查找相匹配的值。如果为 lookup_value 参数提供的值小于 table_array 参数第一列中的最小值,则 VLOOKUP 将返回错误值♯N/A。

②table_array:包含数据的单元格区域。可以使用对区域或区域名称的引用。

③col_index_num:table_array 中待返回的匹配值的列号。col_index _num 不能小于 1。如果出现一个错误值♯REF!,则可能是 col_index_ num 的值超过 table_array 的列数。

④range_lookup:是个逻辑值,如果为 FALSE,将查找精确匹配值, 如果找不到,则返回错误值♯N/A;如果为 TRUE 或省略,则返回精确匹 配值或近似匹配值。也就是说,如果找不到精确匹配值,则返回小于 lookup_value 的最大值。

本例中,H4 单元格函数"=VLOOKUP(G4,$A$2:$D$7,2, FALSE)",是将"电冰箱"的值在 A2:D7 的数据区域中的首列进行精确 查找,找到后使用该区域对应的行和第 2 列交叉得到的单元格的值填充 到 H4 单元格中,由于查找的单元格的数据类型为文本型,因此用 "FALSE"作为第四个参数的值。

在 R9 单元格函数"=IF(Q9>60000,3000,VLOOKUP(Q9,$A $10:$C$16,3,TRUE)*Q9)"中,由于 Q9 单元格(29550)的数据类型 是数值,不能在 A10:C16 区域的首列内精确地查找到,range_lookup 只 能使用"TRUE",这样以 A10:C16 找到近似匹配的数值为 20000,对应的 提成比率为 3.0%。因此 R9 单元格的值为 29550×3.0%=886.5。

在 R20 单元格函数"=VLOOKUP(MATCH(T20,S23:S27,0), P23:R27,3,0)"中,由于要查找的数据列在查找区域的右侧,即要查找的 "次数"列位于需要填充的"商品名"列的后面,因此不能直接使用 VLOOKUP 函数,而首先需要使用 MATCH 函数查找到最多次数在原 表格(table_array)区域的行号,再使用 VLOOKUP 函数。值得注意的 是,在 table_array 区域内必须有一列反映行号的数据,并处于第一列,即 本案例中为何在"商品销售评估系统"中增加一列"序号",并且将其置于 第一列的原因。

(2)MATCH 函数。MATCH()可在单元格区域中搜索指定项,然后 返回该项在单元格区域中的相对位置。注意:MATCH 函数返回 lookup _array 中目标值的位置,而不是数值本身。

MATCH 函数的格式为 MATCH(lookup_value,lookup_array, [match_type])。它有 3 个参数,分别是:

①lookup_value:需要在 lookup_array 中查找的值,它可以是数值 (或数字、文本或逻辑值)、对数字、文本或逻辑值的单元格引用。

②lookup_array 是可能包含所要查找的值的连续单元格区域,look- up_array 可以是数组或数组引用。

③match_type 为数字－1、0 或 1，它指定 Excel 如何在 lookup_array 中查找 lookup_value 的值。如果 match_type 为 1 或者省略，MATCH 函数会查找小于或等于 lookup_value 的最大值；如果 match_type 为 0，MATCH 函数会查找等于 lookup_value 的第一个值；如果 match_type 为－1，MATCH 函数会查找大于或等于 lookup_value 的最小值。

本例 R20 单元格函数"＝VLOOKUP（MATCH（T20，S23：S27，0），P23：R27，3，0）"中，MATCH（T20，S23：S27，0）函数返回值为 3，而 VLOOKUP 函数的返回值为"洗衣机"。

本例最后得到的统计数值如图 3-89 所示。

P	Q	R	S	T
分部销售业绩统计				
所属部门	**总销售额**	**销售排名**		
市场1部	134350	1		
市场2部	107950	2		
市场3部	38150	3		
营业员销售业绩统计				
营业员	**销售金额**	**提成**		
印心志	29550	886.5		
李兰	42850	1714		
张子进	55200	2208		
崔元	19850	397		
张志	28000	840		
吴仕	66850	3000		
刘军辉	31400	942		
胡兆霞	4500	0		
赵荣	2250	0		
商品销售评估系统				
销售次数最多的商品	洗衣机	次数		7
销售金额最大的商品	空调器	交易额		140000
序号	**商品编号**	**商品名称**	**销售次数**	**销售额**
1	A101	电冰箱	6	54150
2	A102	电视机	4	30800
3	A103	洗衣机	7	45000
4	A104	空调器	6	140000
5	A105	热水器	2	10500
合计			25	280450

图 3-89 各类统计信息

实验练习题

练习 1

1. 用 REPLACE 函数设置手机号码中间 4 位为"#"。

2. 将下图中的人民币金额转换为大写。

金额	亿	千万	百万	十万	万	千	百	拾	元	角	分	大写金额
0.78									¥	0	7	8	柒角捌分
1.00									¥	1	0	0	壹元整
10001.10				¥	1	0	0	0	1	1	0	壹万零壹元壹角整
123456789.12	1	2	3	4	5	6	7	8	9	1	2	壹亿贰仟肆佰伍拾陆万陆仟柒佰捌拾玖元壹角贰分
123450.50		¥	1	2	3	4	5	0	5	0		壹拾贰万叁仟肆佰伍拾元伍角整

人民币大写

练习 2

按要求完成以下操作。表格的初始状态如下：

	A	B	C	D	E	F	G	H	I	J	K
1					学生成绩表						
2	原学号	新学号	姓名	性别	100米成绩（秒）	结果1	铅球成绩（米）	结果2		统计表	
3	2007032001		程云峰	男	12.85		7.56			100米跑得最快的学生成绩：	
4	2007032002		程锐军	男	14.53		8.45			所有学生结果1为合格的总人数：	
5	2007032003		黄立平	男	16.11		6.54				
6	2007032004		蔡泽鸿	男	10.44		9.10				
7	2007032005		童健宏	男	13.82		6.89				
8	2007032006		吴德泉	男	11.60		10.11				
9	2007032007		陈静	男	16.32		8.82				
10	2007032008		林寻	男	11.51		6.90				
11	2007032009		吴心	男	14.61		5.73				
12	2007032010		李伯仁	男	16.67		7.39				
13	2007032011		陈醉	男	12.58		8.25				
14	2007032012		李军	男	14.28		9.33				
15	2007032013		李童	男	14.76		7.49				
16	2007032014		梁远	男	12.85		6.98				
17	2007032015		金丽勤	女	15.65		4.78				
18	2007032016		裘梅	女	16.27		5.91				
19	2007032017		齐柠宁	女	14.14		6.75				
20	2007032018		慕秀清	女	15.20		6.15				
21	2007032019		杨敏芳	女	16.25		5.93				
22	2007032020		郑含因	女	10.64		4.67				
23	2007032021		王克南	女	15.36		3.22				
24	2007032022		卢植茵	女	15.58		8.34				
25	2007032023		李禄	女	14.16		4.74				
26	2007032024		夏雪	女	11.34		6.39				
27	2007032025		补影	女	15.75		6.11				
28	2007032026		赵士龙	女	13.45		5.43				
29	2007032027		申东	女	13.56		4.97				

Sheet1 Sheet2 Sheet3 Sheet4

Sheet1 表

	A	B	C	D	E
1	贷款情况			偿还贷款金额结果	
2	贷款金额：	1000000		按年偿还贷款金额（年末）：	
3	贷款年限：	15		第9个月的贷款利息金额：	
4	年利息：	4.98%			

Sheet2 表

具体要求如下：

1. 在 Sheet1 工作表中，使用 REPLACE 函数和数组公式，将原学号转变成新学号，同时将所得的新学号填入"新学号"列中。转变方法：将原学号的第 4 位后面加上"5"，例如"2007032001"→"20075032001"。

2. 使用 IF 函数和逻辑函数，对 Sheet1 中的"结果 1"和"结果 2"列进行自动填充。要求填充的内容根据以下条件确定（将男生、女生分开写进 IF 函数当中）：

(1)结果 1：如果是男生，成绩＜14.00，填充为"合格"；成绩≥14.00，填充为"不合格"。如果是女生，成绩＜16.00，填充为"合格"；成绩≥16.00，填充为"不合格"。

(2)结果 2：如果是男生，成绩＞7.50，填充为"合格"；成绩≤7.50，填充为"不合格"。如果是女生，成绩＞5.50，填充为"合格"；成绩≤5.50，填充为"不合格"。

3. 对于 Sheet1 中的数据，根据以下条件，使用统计函数进行统计。

(1)计算"100 米跑得最快的学生的成绩"，并将结果填入 Sheet1 的 K4 单元格中。

(2)统计"所有学生结果 1 为合格的总人数"，并将结果填入 Sheet1 的 K5 单元格中。

4. 根据 Sheet2 中的贷款情况，利用财务函数对贷款偿还金额进行计算。

(1)计算"按年偿还贷款金额（年末）"，并将结果填入 Sheet2 的 E2 单元格中。

(2)统计"第 9 个月贷款利息金额"，并将结果填入 Sheet2 的 E3 单元格中。

5. 将 Sheet1 中的"学生成绩表"复制到 Sheet3，对 Sheet3 进行高级筛选。复制过程中，将标题项"学生成绩表"连同数据一起复制；复制数据表后，粘贴时数据表必须顶格放置。

(1)高级筛选条件。"性别"：男，"100 米成绩（秒）"：≤12.00，"铅球成绩（米）"：≥9.00。

(2)将高级筛选结果保存在 Sheet3 中（注：无需考虑是否删除筛选条件）。

6. 根据 Sheet1，在 Sheet4 中创建一张数据透视表。具体要求如下：

(1)显示每种性别学生的合格与不合格总人数。

(2)行标签设置为"性别"。

(3)列标签设置为"结果 1"。

(4)数值区域设置为"结果 1"。

(5)计数项为"结果 1"。

第4章　PowerPoint 操作实验

本章知识点

PowerPoint 2010 是制作和演示幻灯片的软件工具,更是一门艺术。通过 PowerPoint 2010,我们可以使用文本、图形、照片、视频、动画和更多手段来设计具有视觉震撼力的演示文稿,从而清楚地展示我们的信息,吸引观众的注意力,和观众产生共鸣。

通过本章的学习和应用,应该掌握以下知识点:

1.幻灯片版式:幻灯片版式包含要在幻灯片上显示的全部内容的格式设置、位置和占位符。PowerPoint 包含多种内置幻灯片版式,也可以创建满足特定需求的自定义版式。

2.模板:一张幻灯片或一组幻灯片的主题设计或蓝图。模板可以包含版式、主题颜色、主题字体、主题效果和背景样式,甚至可以包含内容。

3.主题:主题字体、主题颜色和主题效果三者构成一个主题。主题颜色是文件中使用的颜色的集合,主题字体是应用于文件中的主要字体和次要字体的集合,主题效果是应用于文件中元素的视觉属性的集合。

4.幻灯片母版:幻灯片层次结构中的顶层幻灯片,用于存储有关演示文稿的主题和幻灯片版式的信息,包括背景、颜色、字体、效果、占位符大小和位置。

5.幻灯片切换:在演示期间从一张幻灯片移到下一张幻灯片时在"幻灯片放映"视图中出现的动画效果。可以控制切换效果的速度,添加声音,甚至还可以对切换效果的属性进行自定义。

6.自定义动画:设置文本、图片、形状、表格、SmartArt 图形和其他对象的进入、退出、大小或颜色变化甚至移动等视觉效果。

7.自定义放映:根据需要自主定义放映幻灯片及其顺序。

实验1　创建演示文稿和幻灯片的页面设置

实验目的

1. 掌握 PowerPoint 2010 演示文稿的创建。

2. 掌握幻灯片的版式设置。

3. 掌握幻灯片上的编辑文字和设置格式方法。

4. 掌握新建幻灯片。

5. 掌握幻灯片的页面设置。

任务描述

1. 创建 PowerPoint 2010 演示文稿。

2. 设置标题幻灯片的版式。

3. 在标题区输入标题文字并设置文字的格式。

4. 插入新幻灯片。

5. 设置幻灯片的高度和宽度。

操作步骤

步骤1　创建 PowerPoint 2010 的演示文稿。启动 PowerPoint 2010 后,默认创建的演示文稿为"演示文稿1",首先由系统自动生成一张标题幻灯片,它由主标题区和副标题区组成,如图 4-1 所示。界面默认以普通视图显示,其中左侧有两个选项卡——"大纲选项卡"和"幻灯片选项卡"。右侧上方是"幻灯片窗格",下方是"备注窗格"。

步骤2　标题幻灯片文字输入。

1. 指向"单击此处添加标题"的区域,单击鼠标后输入"浙江工商大学欢迎您"。

2. 选中"浙江工商大学欢迎您"或选择整个标题区后指向开始选项卡中的"字体"组合框,选择"华文隶书";指向"字号"组合框选择"66";单击"字体颜色"右侧的三角按钮后,打开如图 4-2 所示的颜色对话框,选择标准色中的"深蓝",也可单击"其他颜色…"按钮,出现"颜色"对话框,单击"自定义"页面后出现如图 4-3 所示的对话框,在红色、绿色和蓝色后的微调器中分别输入 0、32 和 96,单击"确定"按钮。

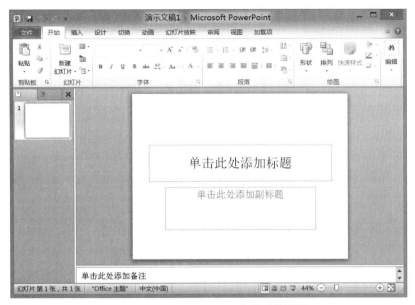

图 4-1　PowerPoint 2010 启动后的界面

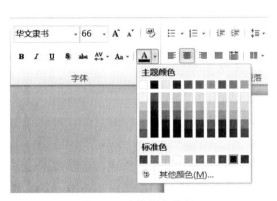

图 4-2　字体颜色选择

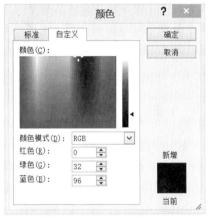

图 4-3　"自定义颜色"对话框

3.在副标题区输入"商大宣传"的文字后,参照上述方法设置为 36 磅、深蓝色。

步骤 3　新建一张新幻灯片(两栏内容)。

1.在"开始"选项卡上选择"新建幻灯片"下的"两栏内容"。此时增加了一张幻灯片。版式为"两栏内容"。如图 4-4 所示。

2.在标题区输入"浙江工商大学",在两栏文本区分别输入"学校概况"、"机构设置"、"重点学科"、"录取情况"、"校园风光"、"校训"、"校歌"和"校友风采"。

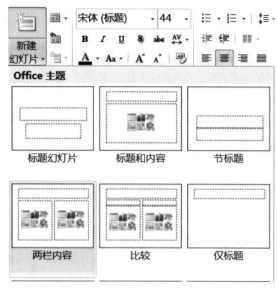

图 4-4　新建幻灯片

3.选中两个文本区,选择"段落"组中的"项目符号",单击右侧三角按钮,在出现如图 4-5 所示的界面上选择第 3 行第 1 列的"箭头项目符号"。也可在选择"项目符号和编号"后,出现如图 4-6 所示的对话框,选择"项目符号"页面中的第 2 行第 3 列的样式图,单击"确定"按钮。

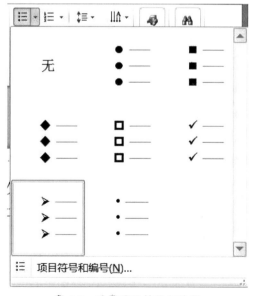

图 4-5　设置项目符号和编号

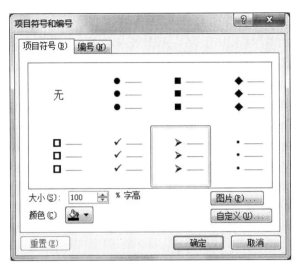

图 4-6 项目符号和编号对话框

注意：如要删除这 8 个项目的项目符号，可先选中文本区或项目，再在如图 4-5 或图 4-6 的界面上选择"项目符号"第 1 行第 1 列的样式图"无"即可。

4.选中文本区或项目后，单击"段落"组右下角的"对话框启动器"，出现如图 4-7 所示的"段落"对话框，设置段前和段后距为"6 磅"，设置行距为"1.5 倍行距"，单击"确定"按钮。

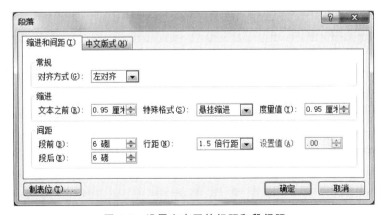

图 4-7 设置文本区的行距和段间距

步骤 4 新建 8 张新幻灯片（标题和内容），分别在标题区输入"学校概况"、"机构设置"、"重点学科"、"录取情况"、"校园风光"、"校训"、"校歌"和"校友风采"。

方法一：在"开始"选项卡上选择"新建幻灯片"下的"标题和内容"。此时增加了一张幻灯片，版式为"标题和内容"。同样可增加其余7张幻灯片。

方法二：由于这8张幻灯片中的标题内容与第2张幻灯片中的文本内容相同，也可以用另一种方法来实现。

1.在左侧"幻灯片"窗格选中第2张幻灯片，"复制"后"粘贴"，此时，第3张幻灯片与第2张幻灯片相同。

2.在左侧窗格中单击"大纲"切换到"大纲"窗格。在"大纲"窗格中双击展开第3张幻灯片。选中"学校概况"等8个项目，通过"项目符号和编号"的设置删除"项目符号"。保持这8个项目的选中状态，在8个项目上点击鼠标右键，在弹出菜单上选择"升级"。此时增加了8张幻灯片，8张幻灯片的标题分别对应8个项目。

3.选中这8张新的幻灯片，设置版式为"标题和内容"。

4.删除第3张幻灯片。

步骤5　单击"设计"选项卡上的"页面设置"命令后，出现如图4-8所示的对话框，将系统默认的幻灯片的宽度设置成20厘米，将高度设置成15厘米。此时幻灯片大小的方案从系统默认的"全屏显示(4:3)"改成"自定义"。

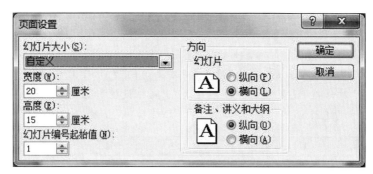

图 4-8　演示文稿所有幻灯片的页面设置

步骤6　单击"工具栏"的保存按钮或执行"文件/保存"菜单命令，在文件名处采用默认的文件名"浙江工商大学欢迎您"进行保存，文件后缀为".pptx"。

实验 2　布局和美化

实验目的

1.掌握模板的创建和使用。

2.掌握主题的创建和使用。

3.掌握母版的创建和使用。

4.掌握主题颜色的设置。

5.掌握背景样式的设置。

任务描述

1.创建新模板,并使用模板新建演示文稿。

2.创建新主题,设置主题颜色及背景样式。

3.使用母版来统一设置幻灯片的格式。

操作步骤

步骤 1 使用现有模板新建演示文稿。

1.在 PowerPoint 2010 中,单击"文件"选项卡,然后单击"新建"。在如图 4-9 所示的界面上单击"样本模板",出现如图 4-10 所示的界面,在显示的模板中选择"培训",然后单击"创建"。创建的演示文稿可以根据自己需要修改保存。

图 4-9 新建演示文稿

步骤 2 创建新模板"浙江工商大学课程",并使用此模板新建演示文稿。创建空白演示文稿,为"标题幻灯片"版式,主标题内容为"浙江工商大学课程",副标题内容为"培训部门";再新建 2 张幻灯片,版式都设置为"标题和内容",其中 1 张幻灯片的标题内容为"第一章",另 1 张的标题内容为"第二章",设置页脚内容为"浙江工商大学",保存文件,类型为"PowerPoint 模板",文件名为"浙江工商大学课程"。

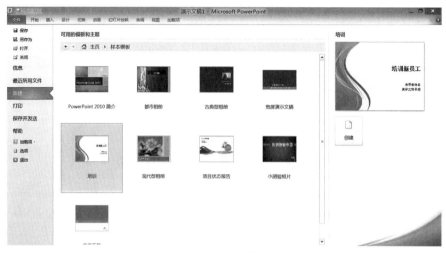

图 4-10　样本模板

使用此模板新建演示文稿,修改第 1 张幻灯片中标题内容为"礼仪课",保存文件,类型为"PowerPoint 演示文稿",文件名为"礼仪课"。

1.单击"文件"选项卡→"新建"→"空白演示文稿"→"创建"。在主标题区输入"浙江工商大学课程",在副标题区输入"培训部门"。

2.在"开始"选项卡上单击"新建幻灯片",在标题区输入"第一章"。用同样方法新建第 3 张幻灯片。

3.在"插入"选项卡上单击"页眉和页脚",弹出如图 4-11 所示的对话框,勾选"页脚",并输入"浙江工商大学"。

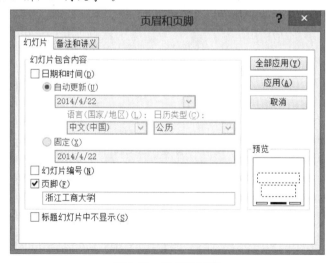

图 4-11　页眉和页脚

4. 保存文件, 保存类型选择为"PowerPoint 模板", 在文件名中输入"浙江工商大学课程"。如图 4-12 所示。

5. 单击"文件"选项卡→"新建"→选择"我的模板", 出现如图 4-13 所示的对话框, 在显示的模板中选择"浙江工商大学课程", 然后单击"创建"。修改第 1 张幻灯片中标题内容为"礼仪课", 保存文件, 类型为"PowerPoint 演示文稿", 文件名为"礼仪课"。

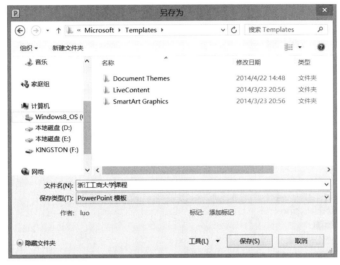

图 4-12　保存模板

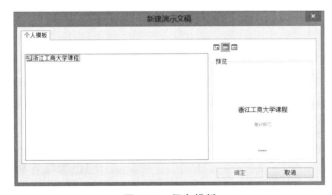

图 4-13　保存模板

步骤 3　以主题"平衡"为基础新建主题, 设置主题颜色和背景样式并命名为"我的主题 1"。在演示文稿"浙江工商大学欢迎您.pptx"中使用"我的主题 1"。

1. 在 PowerPoint 2010 中, 单击"设计"选项卡, 在"主题"组上单击显示主题框的右下角按钮, 展开显示所有主题, 界面如图 4-14 所示, 选择主题"平衡"。

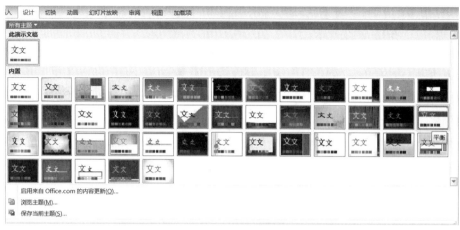

图 4-14 所有主题

2.在"设计"选项卡上单击"主题"组中的"颜色",如图 4-15 所示,选择第 1 项 "Office"。

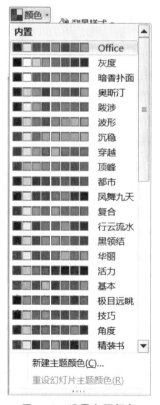

图 4-15 设置主题颜色

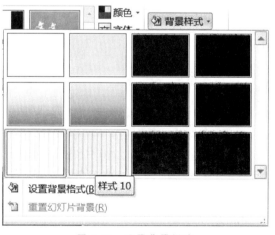

图 4-16 设置背景样式

3. 在"设计"选项卡上单击"背景"组中的"背景样式",如图 4-16 所示,选择"样式 10"。

4. 在"主题"组上单击显示主题框的右下角按钮,单击"保存当前主题"。在弹出的对话框上,输入主题名为"我的主题 1"。

5. 打开演示文稿"浙江工商大学欢迎您.pptx",使用"我的主题 1"主题。

步骤 4 修改母版,并使用母版来统一设置幻灯片的格式。

1. 选择第 3 张幻灯片"学校概况"页,在文本区内输入"浙江工商大学坐落于风景秀丽的浙江省会城市杭州,拥有管理学、经济学、工学、文学、法学、理学、历史学、哲学、艺术学等九大学科,博士后流动站,博士学位、硕士学位、学士学位授予权,硕士专业学位授予权,外国留学生、港澳台学生招生权和同等学历人员申请硕士学位授予资格。"

2. 如图 4-17 所示,在"视图"选项卡上选择"幻灯片母版",此时增加了"幻灯片母版"选项卡;如图 4-18 所示,选择最上面的"幻灯片"模板,选择文本区中的一级文本,在"开始"选项卡上修改字号为"24"。行距为"多倍行距",设置值为"1.3"。

3. 在"插入"选项卡上单击"图像"组的"图片",在"插入图片"对话框中选择浙江工商大学校徽,调整位置和大小。

4. 选择"幻灯片母版"选项卡,单击"关闭母版视图"。观察第 3 页及其他幻灯片的格式变化。

图 4-17　选择"幻灯片母版"视图

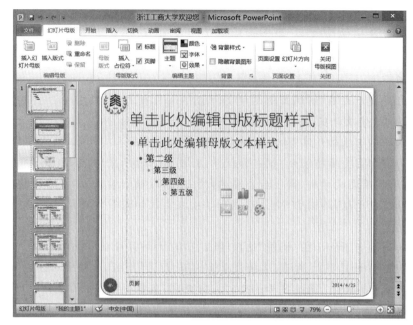

图 4-18　幻灯片母版视图

实验3　插入 SmartArt、自选图形、艺术字

实验目的

1. 掌握 SmartArt 的使用方法。
2. 掌握插入自选图形和编辑图形的方法。
3. 掌握艺术字的使用方法。
4. 掌握图片的使用方法。

任务描述

1. 在幻灯片中插入 SmartArt。
2. 在幻灯片中插入自选图形，编辑文字，设置自选图形。
3. 在幻灯片中插入和设置艺术字。
4. 在幻灯片中插入图片并设置图片格式。

操作步骤

步骤 1 在幻灯片中插入 SmartArt。

1. 打开演示文稿"浙江工商大学欢迎您.pptx",选择第 4 张幻灯片"机构设置"。此幻灯片的版式是"标题和内容",在"内容"占位符上可选择"插入表格"、"插入图表"、"插入 SmartArt 图形"、"插入来自文件的图片"、"剪粘画"、"插入媒体剪辑"。如图 4-19 所示,将鼠标移至内容占位符中第 1 行第 3 列的 SmartArt 位置,单击"插入 SmartArt 图形",弹出"选择 SmartArt 图形"对话框。如图 4-20 所示,选择第 2 行第 3 列的"水平项目符号列表",进行 SmartArt 图形编辑。

图 4-19　插入 SmartArt 图形

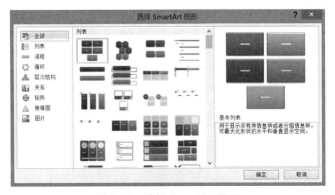

图 4-20　选择 SmartArt 图形

2.如图 4-21 所示,在相应位置输入文字,效果如图 4-22 所示。可以在左侧的文本窗格上输入文字及移动插入点,也可以在 SmartArt 图形上直接编辑。默认显示 3 列,每列 2 项内容。可根据需要增加或删除。如果先在占位符内按级别编辑文本,也可以在选择文本后,通过鼠标右键弹出菜单,选择"转换成 SmartArt",如图 4-23 所示。如果想选择的 SmartArt 样式不在界面中显示,选择"其它SmartArt图形",会弹出"选择 SmartArt 图表"对话框。

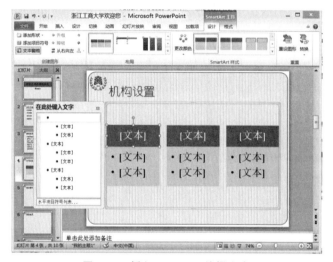

图 4-21　插入 SmartArt 编辑文字

图 4-22　"机构设置"页完成后效果

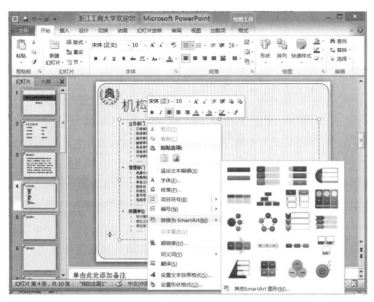

图 4-23　转换为 SmartArt

步骤 2　选择第 5 张幻灯片"重点学科"。插入"分组列表"的 SmartArt 图形，输入浙江省高校首批"重中之重学科、浙江省高校重点学科 A 类、浙江省高校重点学科 B 类"等内容。具体的操作方法与步骤 1 相同，可使用不同的方法进行练习。完成后效果如图 4-24 所示。

图 4-24　"重点学科"页完成后的效果

步骤 3 设置第 7 张幻灯片"校园风光"。

1.选择第 7 张幻灯片"校园风光"。在"开始"选项卡上单击"幻灯片"组上的"版式",选择"空白"版式。删除文本框"校园风光"。

2.如图 4-25 所示,在"插入"选项卡上单击"插图"组的"形状",选择"椭圆",按 Shift 键并同时按下拖动鼠标左键画一个大小合适的圆(默认画的是椭圆,按 Shift 键画的是正圆,也可以通过椭圆的宽度和高度将椭圆设置成圆)。选中圆时会显示"绘图工具"的"格式"选项卡。如图 4-26 所示,在"格式"选项卡上单击"排列"组中的"对齐",依次选择"左右居中"、"上下居中"。此时,圆会显示在幻灯片的中心位置。

3.选中画好的圆,在鼠标右键弹出的菜单上选择"编辑文字",输入文字"校园风光"。

4.在"开始"选项卡上选择"字体"组,设置字体为"幼圆",字号为"32"。

图 4-25　插入形状

图 4-26　对齐选项

5.如图 4-27 所示,在"绘图工具"的"格式"选项卡上单击"形状填充",选择"纹理"中的"斜纹布"。选择后会增加显示"图片工具"的"格式"选项卡。

6.如图 4-28 所示,在"绘图工具"的"格式"选项卡上单击"形状轮廓",选择"粗细"中的"3 磅"。选择后看到圆的轮廓加粗。

7.如图 4-29 所示,在"绘图工具"的"格式"选项卡上单击"形状效果",选择"外部"中的"向下偏移"。选择后看到圆的外部阴影效果。

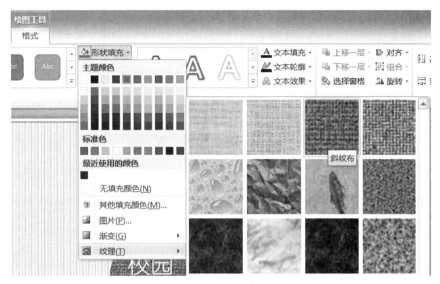

图 4-27　形状填充

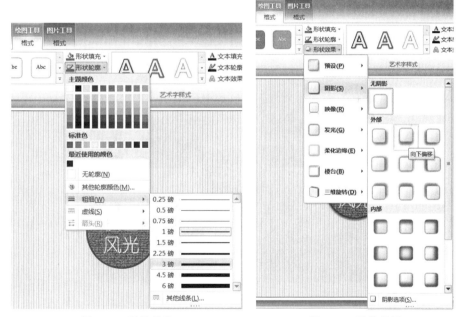

图 4-28　形状轮廓　　　　　　　　　　图 4-29　形状效果

步骤 4　　插入校园风光图片。

1.如图 4-30 所示,在"插入"选项卡上单击"插图"组的"形状",选择"圆角矩形"。在幻灯片上按下鼠标左键拖动,画出 1 个圆角矩形。

图 4-30　插入圆角矩形

2. 选择圆角矩形，在"绘图工具"的"格式"选项卡上单击"形状填充"，选择"图片"，在弹出的"插入图片"对话框上选择相应的图片。

3. 再用同样的方法，绘制另外 3 个圆角矩形，分别插入不同的图片，并设置相应的位置，完成后效果如图 4-31 所示。

图 4-31　圆角矩形完成效果

步骤 5　设置第 8 张幻灯片"校训"。

1. 选择第 8 张幻灯片"校训"。"开始"选项卡→"幻灯片"组→"版式"，选择"空白"版式。删除文本框"校训"。

2.如图 4-32 所示,"插入"选项卡→"文本"组→"艺术字"。在出现的艺术字样式列表中选择第 2 行第 1 列的"填充 - 蓝色,透明强调文字颜色 1,轮廓 - 强调文字颜色 1"。在出现的艺术字框内输入文字"浙江工商大学校训"。设置字体为"华文行楷",字号为 48。

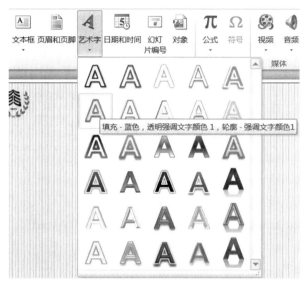

图 4-32　插入艺术字

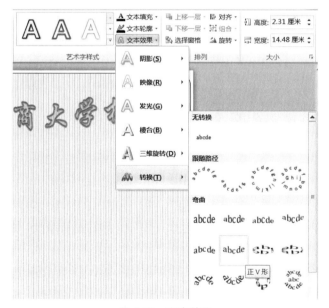

图 4-33　文本效果

3.选中艺术字后,单击"艺术字样式"组的"文本效果",如图4-33所示,单击"转换",选择"弯曲"下的"正V型"。

步骤6 插入图片"校训.jpg",并设置图片的效果为一个长方体的三维图形,要求正面的填充图像为工商大学行政楼,上侧面和右侧面的填充色为红色。

1.如图4-34所示,"插入"选项卡→"图像"组→"图片",在弹出对话框上选择"校训.jpg"。

2.选中图片,调整图片的大小和位置。选择"图片工具"下的"格式"选项卡,选择"图片样式"组中的"金属框架"样式,效果如图4-35所示。

图4-34　插入图片　　　　　　图4-35　图片样式

实验4　插入视频和音频

实验目的

1.掌握在幻灯片中插入视频的方法。
2.掌握在幻灯片中插入音频的方法。

任务描述

1.在幻灯片中插入视频文件。
2.在幻灯片中插入音频文件。

操作步骤

步骤 1 插入视频文件。

1.打开演示文稿"浙江工商大学欢迎您.pptx",将当前幻灯片定位到第 8 张幻灯片后,单击"开始"选项卡上的"新建幻灯片",选择"标题和内容"。在新幻灯片的标题区输入"浙江工商大学 SWF",设置合适的字体、字号和颜色。

2.如图 4-36 所示,在"插入"选项卡上单击"媒体"组的"视频",选择"文件中的视频",弹出"插入视频文件"对话框,选择文件"工商大学.SWF",播放后效果如图 4-37 所示。可以根据需要设置视频的开始时间等。

图 4-36 插入视频   图 4-37 播放效果

步骤 2 插入校歌的图片和音频。

1.选择第 10 张幻灯片"校歌"。在"插入"选项卡上单击"图像"组的"图片",在弹出对话框上选择"校歌.jpg"。

2.在"插入"选项卡上单击"媒体"组的"音频",选择"文件中的音频",弹出"插入音频"对话框,选择文件"校歌.mp3"。插入校歌后的效果如图 4-38 所示。在"音频工具"的"播放"选项卡上,可以对音频文件进行播放,也可以设置"开始"、"循环播放,直到停止"、"播完返回开头"。

图 4-38　插入校歌后的效果

实验 5　插入和编辑 Excel 图表

实验目的

1.掌握插入 Excel 图表的操作方法。

2.掌握编辑 Excel 表格和设置图表类型的方法。

3.掌握给 Excel 图表设置自定义动画的方法。

任务描述

1.在 PowerPoint 2010 中创建 Excel 图表。

2.设置 Excel 图表的类型、选项等。

3.设置图表的自定义动画。

操作步骤

步骤 1　插入并设置 Excel 图表。

1.打开演示文稿"浙江工商大学欢迎您.pptx",选择第 6 张"录取情况"。

2. 在"插入"选项卡上选择"插图"组的"图表",弹出"插入图表"对话框,如图 4-39 所示。

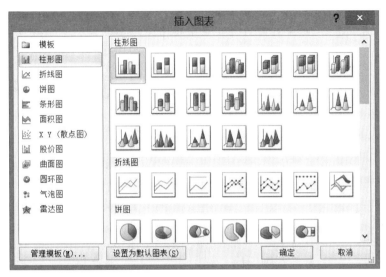

图 4-39　插入图表

3. 选择柱形图中第 1 行第 1 列的"簇状柱形图"。单击"确定"按钮,弹出"Microsoft PowerPoint 中的图表—Microsoft Excel"界面。此界面打开 1 个 Excel 表格,可对生成的表格数据进行编辑。

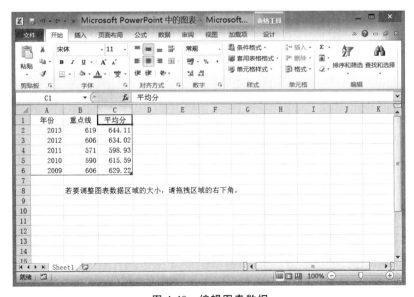

图 4-40　编辑图表数据

4.如图 4-40 所示,在 Excel 界面上,在 A1:C6 区域中输入相应的数据,并拖曳区域的右下角,调整图表的数据区域为 A1:C6。如果原有数据有 Excel 的文件,也可以直接从 Excel 中复制数据到图表的数据区域。编辑完数据并调整数据区域后,关闭 Excel。此时当前幻灯片中出现了 1 个簇状柱形图。效果如图 4-41 所示。

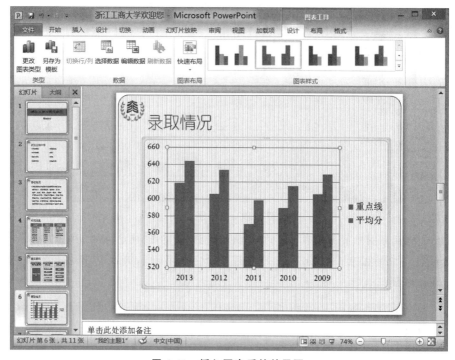

图 4-41 插入图表后的效果图

5.如图 4-42 所示,选择图表,在"动画"选项卡上单击"动画"组的"淡出"效果,"效果选项"设置为"按系列"。对动画效果进行设置,也可以选择"高级动画"组的"动画窗格"选项,在动画窗格上会显示图表相应的动画。如图 4-43 所示,图表一共有 3 条动画,分别是"淡出:内容占位符 2:背景"、"淡出:内容占位符 2:系列 1"、"淡出:内容占位符 2:系列 2"。在动画条上双击,会弹出"淡出"动画的具体设置,如图 4-44 所示。

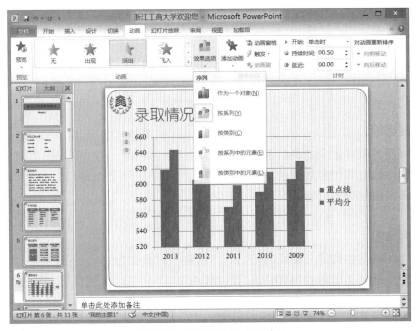

图 4-42 设置图表的动画效果

图 4-43 动画窗格

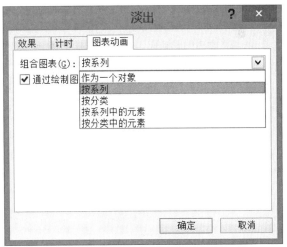

图 4-44 动画设置

实验6 设置对象的动画和幻灯片的切换

实验目的

1.掌握对象自定义动画的创建和设置。

2.掌握幻灯片切换效果的设置。

3.掌握超链接的设置。

任务描述

1.为对象创建自定义动画的"进入"、"强调"和"退出"效果。

2.设置自定义动画的"单击"或"计时控制"。

3.为对象创建自定义路径的动画效果。

4.在幻灯片中添加切换效果。

5.对文本设置超链接,为对象进行动作设置。

操作步骤

步骤 1　设置演示文稿"浙江工商大学欢迎您.pptx"第 2 张幻灯片的动画效果。

1.打开演示文稿"浙江工商大学欢迎您.pptx",选择第 2 张幻灯片。

2.选择"动画"选项卡,选中第 2 张幻灯片上的标题"浙江工商大学",如图 4-45 所示,此时"动画"组上显示的动画效果是"无"。

3.在"动画"选项卡上,单击"动画"组上的动画效果右侧的按钮,展开更多的效果,如图 4-46 所示。选择"进入"效果中的"形状"效果,并对"效果选项"设置"形状"为"方框","方向"为"缩小",如图 4-47 所示。

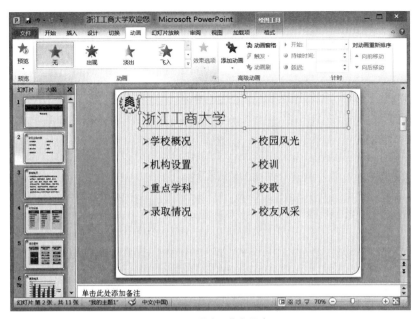

图 4-45 "动画"选项卡

图 4-46 "动画效果"显示

图 4-47　"形状"效果及效果选项

　注意：在 PowerPoint 2010 中有以下 4 种不同类型的动画效果：

（1）"进入"效果。例如，可以使对象逐渐淡入焦点、从边缘飞入幻灯片或者跳入视图中。

（2）"退出"效果。包括使对象飞出幻灯片、从视图中消失或者从幻灯片旋出。

（3）"强调"效果。包括使对象缩小或放大、更改颜色或沿着其中心旋转。

（4）动作路径。指定对象或文本沿行的路径，可以使对象上下移动、左右移动或者沿着星形或圆形图案移动。

不同类型效果的图标颜色不一样。

4. 为同一个对象添加多个动画效果，要在"高级动画"组上设置"添加动画"。先单击"高级动画"选项卡上的"动画窗格"，在幻灯片的右侧显示"动画窗格"。当前幻灯片上所有对象的所有动画列表都显示在窗格内。单击"高级动画"上的"添加动画"，选择"强调"效果中的"脉冲"。此时"动画窗格"中的动画列表会多出一条动画。如图 4-48 所示。

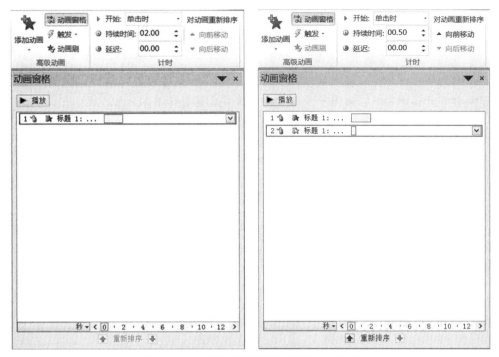

图 4-48　添加"脉冲"动画前后的"动画窗格"

　　对当前动画使用更多的效果，可以双击"动画窗格"上的动画行，在弹出的对话框中进行设置。如图 4-49 所示。

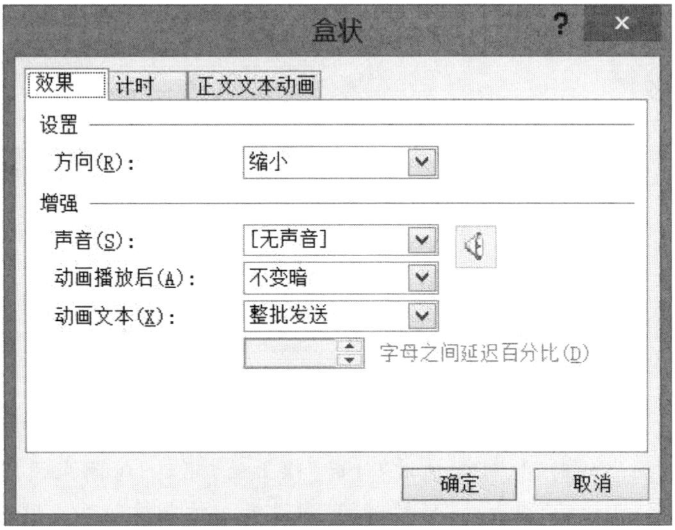

图 4-49　动画效果设置对话框

5.用同样的方法设置文本的进入动画效果为"飞入","效果选项"设置为"自右侧"。设置结束后可单击"预览"组上的"预览"查看动画效果。

或选择"幻灯片放映"选项卡,如图 4-50 所示,单击"开始放映幻灯片组"的"从头开始",幻灯片从第 1 张开始放映;也可以单击"从当前幻灯片开始",直接从第 2 张幻灯片开始放映。此时每一个动画都需要单击鼠标来启动。

图 4-50　"幻灯片放映"选项卡

6.在"动画窗格"上选中所有的动画,点击"计时"组的"开始"右侧三角,将"单击时"改为"上一动画之后"。设置之后,在"动画窗格"的"高级日程表"上,可以清楚地看到各个动画的先后次序和持续时间。如图 4-51 所示。

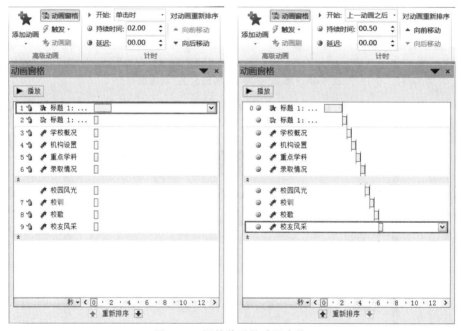

图 4-51　调整前后的动画窗格

再重新放映幻灯片,此时第 2 张幻灯片上的动画都自动启动,不需要单击鼠标。动画之前间隔的时间,可以通过"计时"组上的"延迟"时间来设置。动画效果的速度,可以通过"计时"组上的"持续时间"来设置。对当前动画使用更多的计时效果,可以双击"动画窗格"上的动画行,在弹出的对话框中进行设置。如图 4-52 所示。

图 4-52　动画计时设置对话框

步骤 2　设置标题的动作路径、SmartArt 对象的动画效果等。

1.动作路径与进入动画的设置方法相似。选择第 3 张幻灯片的标题,在"动画"选项卡上,单击"动画"组上的动画效果右侧的按钮,注意将右侧的滚动条向下拉,选择"动作路径"下的"弧形"。如图 4-53 所示。

图 4-53　设置动作路径

2.单击"效果选项",选择方向为"向上"。再单击"效果选项",选择"反转路径方向"。在"计时"组上,设置"开始"为"上一动画之后"。如图4-54所示。设置后可"预览"动画,或放映幻灯片来查看动画设置效果。

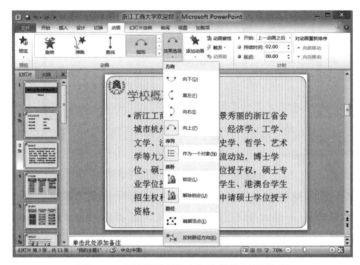

图4-54 设置"弧形"动作路径的效果选项

3.选择第4张幻灯片,选中SmartArt对象,选择"动画"组上的"动画效果"为"浮入",单击"效果选项",序列选择为"一次级别"。如图4-55所示。这项设置与图4-56所示的"上浮"对话框上设置相同。在动画窗格上双击此动画对应行可弹出"上浮"对话框,再选择"SmartArt动画"。

图4-55 设置"浮入"效果选项

图 4-56　上浮效果设置对话框

4.设置第 5 张幻灯片中的 SmartArt 对象的进入、强调、退出动画,设置第 7 张幻灯片上各个对象的进入动画,操作方法与第 2、3、4 张幻灯片中的动画设置相同。

步骤 3　为幻灯片添加切换效果。

1.在"视图"选项卡上单击"演示文稿视图"组的"幻灯片浏览",切换到幻灯片浏览视图,如图 4-57 所示。

图 4-57　幻灯片浏览视图

2.选择"切换"选项卡,此时选中的第1张幻灯片未设置切换效果,则"切换到此幻灯片"组的切换效果显示为"无",如图4-58所示。

图4-58 "切换"选项卡

3.在"切换到此幻灯片"组上选择"推进"效果,如图4-59所示,单击"效果选项",选择"自左侧"。单击"预览"组的"预览",就可以看到第1张幻灯片的切换效果。

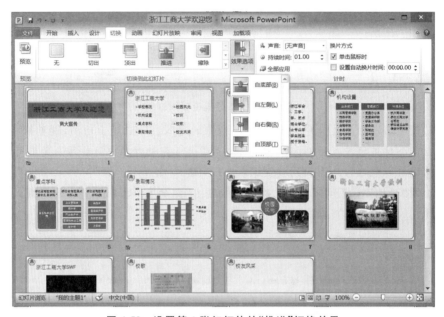

图4-59 设置第1张幻灯片的"推进"切换效果

4.如图4-60所示,设置第2、3张幻灯片的切换效果为"揭开","效果选项"设置为"自底部"。用相同的方法,设置其余幻灯片的切换效果。

注意:可以用点击鼠标左键后拖动的方法选中多张幻灯片,也可以按下Ctrl键后点击鼠标左键实现多选。

5.依次设置第4、5张幻灯片的切换效果为"库",第6、7张幻灯片的切换效果为"立方体",第8张幻灯片的切换效果为"涟漪",第9张幻灯片的切换效果为"门",第10张幻灯片的切换效果为"涡流",第11张幻灯片的切换效果为"时钟"。设置完成后,选择"幻灯片放映"选项卡,如图4-61所示,单击"开始放映幻灯片组"的"从头开始",幻灯片从第一张开始放映,可以连续观看幻灯片的切换。此时每张幻灯片的切换都需要单击鼠标。

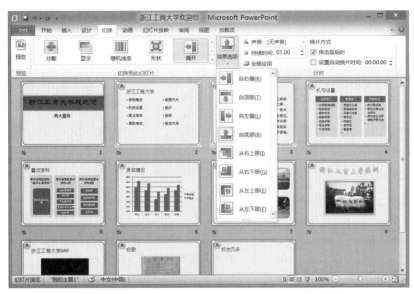

图 4-60　设置第 2、第 3 张幻灯片的"揭开"切换效果

图 4-61　"幻灯片放映"选项卡

6.选中第 1 至第 8 张幻灯片,如图 4-62 所示,在"计时"组上,取消"换片方式"中"单击鼠标时"前的勾选标记。勾选"设置自动换片时间",单击右侧时间设置的向上三角,将时间调整为 3 秒。设置完成后,重新选择"幻灯片放映"选项卡,单击"开始放映幻灯片组"的"从头开始",此时第 1 至第 8 张幻灯片的切换自动进行。

图 4-62　设置自动换片时间

步骤 4 设置超链接。

1.选择第 2 张幻灯片上的文本"学校概况",在"插入"选项卡上选择"链接"组的"超链接",弹出"插入超链接"对话框。如图 4-63 所示,左侧列表中选择"本文档中的位置",选择文档中的位置为"幻灯片标题"下的"3.学校概况",单击"确定"按钮。

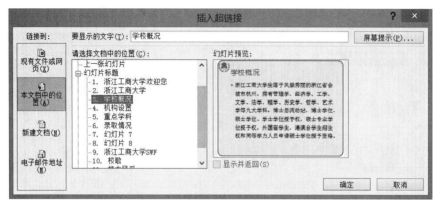

图 4-63 "插入超链接"对话框

2.选择第 3 张幻灯片,在"插入"选项卡上选择"插图"组的"椭圆",在下方空白处画一个椭圆,编辑文字"回到目录",设置字号为"20"。选中整个椭圆形状,选择"链接"组的"动作",弹出"动作设置"对话框,如图 4-64 所示。在"单击鼠标"选项卡上选择"超链接到"为"上一张幻灯片"。

3.在放映幻灯片时,在第 2 张幻灯片上单击"学校概况"的文字,在第 3 张上单击"回到目录"的形状,查看链接的效果。

图 4-64 "动作设置"对话框

实验 7 演示文稿的放映和输出

实验目的

1.掌握自定义放映的创建。

2.掌握幻灯片放映的设置。

3.掌握演示文稿转换成幻灯片放映文件的方法。

任务描述

1.创建一个自定义放映。

2.设置幻灯片放映。

3.将演示文稿转换成幻灯片放映文件。

操作步骤

步骤 1 为"浙江工商大学欢迎您.pptx"创建一个自定义放映。

1.打开演示文稿"浙江工商大学欢迎您.pptx",在"幻灯片放映"选项卡上,单击"开始放映幻灯片"组的"自定义幻灯片放映",选择"自定义放映",弹出"自定义放映"对话框,如图 4-65 所示。

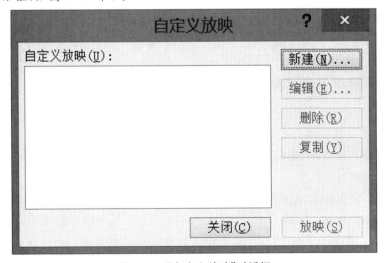

图 4-65 "自定义放映"对话框

2.在"自定义放映"对话框上,单击"新建"按钮,弹出"定义自定义放映"对话框,如图 4-66 所示。修改幻灯片放映名称为"浙江工商大学简介",在左侧列表中选择第 1 张幻灯片,单击"添加"按钮,再依次选择第 3、4、5 张幻灯片,添加到右侧的列表中。单击"确定"按钮。再单击"关闭"按钮关闭"自定义放映"对话框。

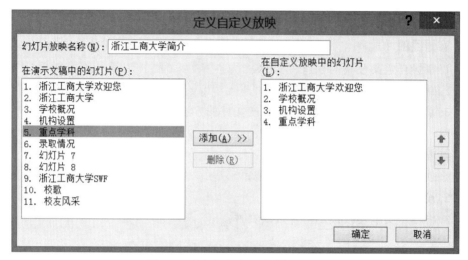

图 4-66 "定义自定义放映"对话框

3.如图 4-67 所示,在"自定义幻灯片放映"下面,会显示新建的"浙江工商大学简介",单击时就开始放映。

图 4-67 "定义自定义放映"列表

步骤 2 设置放映方式,放映范围设置为从 1 到 8。

1.在"幻灯片放映"选项卡上单击"设置"组的"设置幻灯片放映",弹出"设置幻灯片放映"对话框。

2.如图 4-68 所示,勾选"循环放映,按 ESC 键终止"。设置放映幻灯片从 1 到 8。单击"确定"按钮。

步骤 3 将演示文稿"浙江工商大学欢迎您.pptx"保存为幻灯片放映文件。单击"文件"下"另存为",在出现的"另存为"对话框中,在保存类型后的列表框中选择

"PowerPoint 放映",此时在当前文件夹下生成一个"浙江工商大学欢迎您.ppsx"的
放映文件。

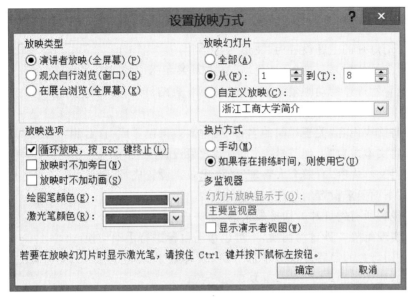

图 4-68 "设置放映方式"对话框

实验练习题

练习1

1.将幻灯片的主题设置为"暗香扑面"。

2.给幻灯片插入日期(自动更新,格式为 X 年 X 月 X 日)。

3.设置幻灯片的动画效果,要求针对第 2 页幻灯片,按顺序设置以下自定义动画效果:

(1)将文本内容"背景及目的"的进入效果设置成"自顶部—飞入"。

(2)将文本内容"研究体系"的强调效果设置成"彩色脉冲"。

(3)将文本内容"基本结论"的退出效果设置成"淡出"。

4.按下面的要求设置幻灯片的切换效果:

(1)设置所有幻灯片的切换效果为"自左侧—推进"。

(2)实现每隔 3 秒自动切换,也可以单击鼠标左键进行手动切换。

5.在幻灯片的最后一页后新增一页,设计效果:单击鼠标,矩形不断放大,放大到原尺寸 3 倍,重复显示 3 次。

练习 2

1.将幻灯片的主题设置为"波形"。

2.给幻灯片插入日期(自动更新,格式为 X 年 X 月 X 日)。

3.设置幻灯片的动画效果,要求针对第 2 页幻灯片,按顺序设置以下自定义动画效果:

(1)将文本内容"关于时间的名言"的进入效果设置成"自右侧—擦除"。

(2)将文本内容"生理节奏法"的强调效果设置成"加深"。

(3)将文本内容"有效个人管理"的退出效果设置成"随机线条"。

4.按下面要求设置幻灯片的切换效果:

(1)设置所有幻灯片的切换效果为"中央向上下展开—分割"。

(2)实现每隔 3 秒自动切换,不可以单击鼠标进行手动切换。

5.在幻灯片的最后一页后增加一页,设计效果:单击鼠标,幻灯片中心的圆形不断放大,放大到原尺寸 2 倍,重复显示 3 次。

练习 3

1.将幻灯片的主题设置为"行云流水"。

2.给幻灯片插入日期(自动更新,格式为 X 年 X 月 X 日)。

3.设置幻灯片的动画效果,要求针对第 2 页幻灯片,按顺序设置以下自定义动画效果:

(1)将文本内容"起源"的进入效果设置成"中央向左右展开—劈裂"。

(2)将文本内容"沿革"的强调效果设置成"垂直—放大/缩小"。

(3)将文本内容"发展"的退出效果设置成"到右侧—飞出"。

4.按下面的要求设置幻灯片的切换效果:

(1)设置所有幻灯片的切换效果为"自底部—立方体"。

(2)实现每隔 2 秒自动切换,也可以单击鼠标左键进行手动切换。

5.在幻灯片的最后一页后增加一页,设计效果:单击鼠标,幻灯片底部的文字垂直向上移动,文字内容、字体、大小自定。

练习 4

搜集素材,设计演示文稿,主题为"我的家乡"、"我的学校"、"新年贺卡"、"有声电子相册"中的任一项,也可以选择其他有意义的主题。

第 5 章　Access 数据库

本章知识点

1. Access 2010 是微软公司推出的界面友好、操作简单、功能全面、方便灵活、价格低廉、支持 ODBC 国际标准的关系型数据库管理系统。适合普通用户开发个性化的数据库应用系统。Access 2010 的数据库窗口如图 5-1 所示。

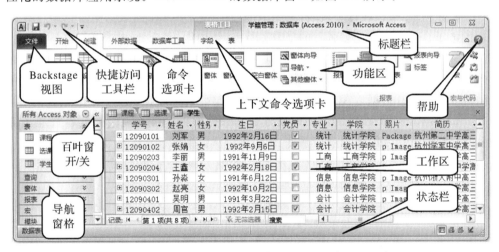

图 5-1　Access 2010 的数据库窗口(功能区＋导航窗格＋工作区)

(1)标题栏:窗口顶部,显示当前应用的标题。左边是"控制菜单按钮"和快捷访问工具栏,右边是"最大化"、"最小化"和"关闭"按钮。

(2)快捷访问工具栏:窗口顶部,"控制菜单按钮"右边,通过一次单击实现快速执行命令。默认命令包括"保存"、"撤消"和"恢复"。

(3)功能区:标题栏下方,包含多组命令且横跨窗口的带状选项卡区域,由多个命令选项卡组成。包括"文件"、"开始"、"创建"、"外部数据"和"数据库工具"及其上下文命令选项卡。每个选项卡包含多组相关命令。

（4）"文件"：激活 Backstage 视图。可以创建、打开、保存、加密、关闭、发布和环境设置等文件管理和数据库维护任务。

（5）"开始"：复制和粘贴，设置字体属性，进行记录的新建、保存、删除、排序和筛选等。

（6）"创建"：创建表、查询、窗体、报表、宏和模块等。

（7）"外部数据"：导入、导出和链接外部数据等。

（8）"数据库工具"：编辑器和运行宏、编辑表关系、编辑模块。

（9）上下文命令选项卡：根据操作对象及其操作（即：上下文）的不同，在命令选项卡旁边出现的一个或多个相应的命令选项卡。即在特定上下文中需要使用的命令和功能。

（10）导航窗格：窗口左侧，管理和使用数据库对象。对象包括表、查询、窗体、报表、宏和模块等。显示和隐藏导航窗格，可以单击"百叶窗开关"按钮。

（11）工作区：导航窗格右边，编辑表、查询、窗体、报表和宏的多文档编辑区。

（12）状态栏：窗口底部，显示状态消息和属性提示等。

2. 数据库：储存在计算机内，有组织的、统一的、可共享的数据集合。即存放数据的电子仓库。通常是多张表的集合。特点：结构化、冗余低、共享和独立等。

3. 数据库管理系统：建立、使用和管理数据库的软件系统。职能是维护数据库，接受和完成用户访问数据库数据的各种请求，从而科学地组织和存储数据、高效地获取和维护数据。Access 2010 是一种数据库管理系统。

4. 数据库应用系统：由数据库设计员和数据库程序员等利用数据库管理系统和程序语言等研发的数据管理软件，从而可以从数据库中获取所需信息。

5. 数据处理：对数据进行收集、存储、分类、检索、统计和传输等一系列加工处理的过程。包括人工管理、文件管理和数据库系统等阶段。

6. 数据模型：具体问题的模拟和抽象。组成：数据结构、数据操作和完整性约束。类型：层次模型、网状模型、关系模型和面向对象模型等。

7. 表：把数据组织成为列（字段）和行（记录）结构的数据集合。即表结构和表内容的组合。表的每一列称为字段，表的每一行称为记录。

8. 两表之间有关联关系的类型：一对一、一对多和多对多。

（1）一对一（1:1）：对于表 A 的每一个记录，表 B 仅有一个记录与之对应；反之亦然。

（2）一对多（1:n）：对于表 A 的每一个记录，表 B 有多个记录与之对应；反之，对于 B 的每一个记录，A 仅有一个记录与之对应。

（3）多对多（m:n）：对于表 A 的每一个记录，表 B 有多个记录与之对应；反之亦然。

9. 关系运算的核心运算: 选择、投影和连接等。

(1) 选择: 从表 R 中选出满足条件的记录集合。

(2) 投影: 从表 R 中选出若干字段的集合。

(3) 连接: 两个表按连接条件进行连接生成一个新表的过程。即: 根据连接条件, 依次检查 R 和 S 的每个记录, 如果 R 的一个记录与 S 的一个记录满足了连接条件, 则把这两个记录对接起来, 而所有对接后的记录集合即为 R 和 S 的连接。常用连接有等值连接和自然连接。

(4) 等值连接: 连接条件取等值的连接。其中自然连接是去掉重复列的等值连接。

10. 主键: 能够区分表中每一个记录的字段集。例如: 学生表的学号。

11. 外键: X 是表 R 的字段, 是 S 的主键, 则 X 是 R 的外键。R 是外键表, S 是主键表。

12. 数据完整性: 数据的正确性和一致性。具体包括实体完整性、参照完整性、用户定义完整性。

(1) 实体完整性: 主键的取值唯一且非空。例如: 学生表中, 学号的取值唯一且非空。

(2) 参照完整性: X 是表 R 的外键, 且是表 S 的主键, 则 X 只能取 S 的主键的值, 或空值。例如: 对于学生 (学号, 姓名, 性别, 年龄)、课程 (课程号, 课程名, 学分) 和选修 (学号, 课程号, 成绩), 则学号是选修的外键, 学号是学生的主键, 即选修中学号的取值必须是学生中的学号的值。课程号是选课的外键, 课程号是课程的主键, 选课中课程号的取值必须是课程中的课程号的值。

(3) 用户定义完整性: 根据应用系统的需求, 用户自己定义的一系列约束。例如: 学生 (学号, 姓名, 性别, 年龄) 和选修 (学号, 课程号, 成绩) 中, 性别只能是男或女; 年龄的取值为 6~96; 成绩的取值为 0~100 等。

(4) 破坏数据完整性的违约处理: 置空、拒绝更新、受限更新和级联更新。

13. 数据库的建立、加密、备份和编译。

14. 表结构和记录数据的编辑。

15. 排序、索引和筛选。

(1) 排序: 按照表的一个或者多个字段的值, 对全部记录进行排序的过程。可以升/降序。

(2) 索引: 按照指定字段的值升/降序排序后, 与它对应的记录在表中的位置 (记录号) 所组成的对照表, 即索引字段的值与记录号的对照表, 亦即表的检索目录。

(3) 筛选: 把表中符合条件的数据筛选出来。

16.查询是指按照指定的查询条件,在数据库中找出满足条件数据的过程。

(1)查询类型:选择查询、参数查询、交叉表查询和操作查询等。

(2)选择查询:根据指定的条件,从一个或多个数据源中获取数据并显示结果。可以实现数据排序和分组,进行总计、计数、平均、最大和最小等相关统计计算。

(3)交叉表查询:利用行列交叉的方式,对表(查询)中的数据进行和值、均值、最大、最小和计数等计算和重构。可以实现字段分类汇总,汇总结果显示在行与列交叉的单元格中,并把分组数据一组列在表的左侧,一组列在表的上部,方便数据分析。

(4)参数查询:通过用户交互输入的参数,查找相应数据的查询。执行查询时,可以弹出对话窗口,提示用户输入相关参数,然后按照参数信息进行查询,可以实现灵活查询。

(5)操作查询:可以进行记录编辑的查询。常用查询:删除/更新/追加/生成表查询。

(6)生成表查询:利用查询结果,建立一个新表。

(7)追加查询:把查询结果添加到指定表的尾部。

(8)更新查询:按照指定条件,对指定表的相关记录进行批量修改。

(9)删除查询:按照指定条件,删除指定表的相关记录。

17. Access 2010 数据库是表、查询、窗体、报表、宏和模块等对象的集合(即所有对象均存放在同一个数据库文件中)。表用于记录数据库的全部数据;而查询、窗体、报表、宏和模块,则是管理和使用数据库的工具。数据库的扩展名为".accdb"。

表:存储实际数据的对象。表由表结构和记录集两部分组成。

查询:既可以编辑表中的数据,又可以从数据库中获取信息。

窗体:通过交互图形界面,进行数据的编辑、显示和应用程序的执行控制。在窗体中可以通过运行宏和模块等,实现更加复杂的功能。

报表:用于对表中的数据进行格式化显示和打印。

宏:若干操作的集合。用来打开、编辑或运行表、查询、窗体、报表、宏和模块等。

模块:用 Access 2010 提供的 VBA 语言编写的程序段,以建立更加复杂的应用程序。

实验 1　创建和保护数据库

实验目的

1.熟练掌握 Access 2010 集成环境下,创建数据库的方法。

2.熟练掌握加密数据库、备份数据库和编译数据库等保护数据库的方法。

任务描述

1.设置工作空间:把 D 盘的 WorkSpace 文件夹设置为工作空间。

2.创建数据库:创建一个名为"学籍管理.accdb"的空数据库。

3.备份数据库:把"学籍管理.accdb"备份到"学籍管理备份.accdb"。

4.加密数据库:对"学籍管理.accdb"进行加密,密码是 999。

5.编译数据库:把"学籍管理.accdb"编译成为"学籍管理.accde"。

操作步骤

步骤 1　设置工作空间。

1.在 Windows 7 下,利用"计算机"或者"Windows 资源管理器",在 D 盘(可以自行选择)建立一个名为"WorkSpace"的文件夹。

2.单击桌面任务栏的"开始"按钮→"所有程序"→"Microsoft Office"→"Microsoft Access 2010"。启动的 Backstage 视图如图 5-2 所示。

3.在左侧列表中,单击"选项",弹出"Access 选项"对话框如图 5-3 所示。

4.在图 5-3 的左侧窗格中,单击"常规",单击"默认数据库文件夹"右侧的"浏览",在弹出的"默认的数据库路经"对话框中,选择 D 盘的 WorkSpace,单击"确定"。

5.在图 5-3 中,单击"确定"。

6.关闭 Access 2010。在图 5-2 中,单击窗口右上角的"关闭"按钮;或者单击"文件"Backstage 视图,单击"退出"。

图 5-2　Access 2010 的 Backstage 视图

图 5-3　Access 选项对话框

注意：打开"学籍管理.accdb"范例数据库，运行和分析系统的功能，可以使用内容详细的帮助系统解决问题。操作方法如下：

(1)直接按快捷键 F1。

(2)单击 Backstage 视图或者数据库窗口中的"帮助"按钮。

(3)单击"文件"，在右侧列表中单击"帮助"。

步骤 2 **创建数据库。**

1.按步骤 1 启动 Backstage 视图。

2.在左侧列表中，单击"新建"；在中间窗格中，单击"主页"，再单击"空数据库"；在右侧"文件名"下方的文本框中，输入"学籍管理.accdb"(扩展名可以省略)。操作结果如图 5-2 所示。

3.在图 5-2 中，单击右下方的"创建"按钮，则弹出表的编辑窗口如图 5-4 所示。

图 5-4 表的编辑窗口

在图 5-4 中，可以看到该数据库默认建立的第一个表"表 1"。如果这时关闭数据库，则"表 1"不会被保存，且该数据库是一个没有任何数据库对象的空数据库；如果这时单击快捷访问工具栏的"保存"按钮，则可以在弹出的"另存为"窗口中输入用于保存表的名称(例如：职工)，然后单击"确定"保存表。

4.单击工作区中"表 1"选项卡的"关闭"按钮，关闭"表 1"的编辑。

5.单击"文件"→"关闭数据库"，关闭"学籍管理"数据库。

注意：Access 2010 数据库的设计步骤：

(1)确定数据库用途：通过需求分析，确定使用方式、用户群体和系统功能等。

(2)确定数据库的表：根据概念结构设计和逻辑结构设计，确定数据库的表。

(3)确定表的字段：确定每个表的具体字段及其相关细节信息。

(4)确定表间关系:确定表与表之间的一对一、一对多或者多对多关系。

(5)实施:利用 Access 2010 建立数据库及设置相关对象。

利用 Access 2010 提供的多个数据库模板可以快速创建数据库。方法为:在图5-2 中,单击左侧列表中的"新建";在中间窗格中,单击"主页"→"样本模板",单击下方指定的模板数据库(例如:营销项目);在右侧"文件名"下方的文本框中,输入数据库的名称(例如:营销项目管理.accdb),单击右下方的"创建"按钮。

步骤 3 备份数据库。

1.打开"学籍管理"数据库:单击"文件"选项卡→"打开";在"打开"对话框中,通过浏览选择"学籍管理.accdb";单击"打开"按钮。也可以双击数据库文件打开。

2.单击"文件"选项卡→"保存并发布"。

3.在如图 5-5 所示的界面中,单击"文件类型"下方的"数据库另存为";在右侧"数据库另存为"下方,单击"备份数据库"按钮;单击右侧最下方"另存为"按钮。

4.在"另存为"界面中,选择保存备份文件的文件夹和文件类型,使用默认的文件名(默认文件:学籍管理_2014-06-06.accdb)或直接输入文件名,单击"保存"。

图 5-5 保存与发布界面

默认备份文件名为原文件名和当前计算机日期的连接,并使用下画线连接。计算机日期使用××××年××月××日格式,年月日中间用短横线连接。

注意：可以使用"数据库另存为"功能，为"学籍管理"数据库建立备份数据库，而且可以实现不同版本 Access 数据库之间的转换。操作如下：

(1)打开"学籍管理"数据库。

(2)单击"文件"选项卡→"保存并发布"，如图 5-5 所示。

(3)单击"文件类型"下方的"数据库另存为"；在右侧"数据库另存为"下方，单击"Access 数据库(＊.accdb)"按钮；单击右侧最下方"另存为"按钮。

(4)在弹出的"另存为"界面中，选择保存备份文件的文件夹和文件类型，输入文件名"学籍管理备份.accdb"，单击"保存"。

步骤 4 加密数据库。

1.以独占方式打开"学籍管理"数据库：单击"文件"选项卡→"打开"；在"打开"对话框中，通过浏览选择"学籍管理.accdb"；单击"打开"按钮旁边的箭头，然后单击"以独占方式打开"(应该根据实际需要，确定打开数据库的方式)。

2.单击"文件"选项卡→"信息"，如图 5-6 所示。

3.单击"用密码进行加密"，弹出"设置数据库密码"对话框。在"密码"下方的文本框中输入密码(例如：666)，在"验证"下方的文本框中再次输入该密码，单击"确定"。

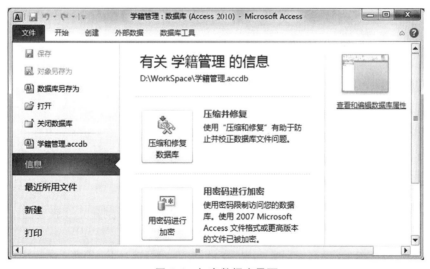

图 5-6 加密数据库界面

4.撤销密码的方法：以独占方式打开解密数据库，单击"文件"选项卡→"信息"→"解密数据库"，弹出"撤消数据库密码"对话框，在"密码"下方的文本框中输入密码，单击"确定"。

注意：为了节省存储空间和修复数据库的错误，可以使用"压缩和修复数据库"。即：在图 5-6 中，单击"压缩和修复数据库"按钮。或者，使用"数据库工具"选项卡中，"工具"组中的"压缩和修复数据库"命令。

如果需要查看和编辑数据库的属性，则可以在图 5-6 中单击右侧的"查看和编辑数据库属性"，在弹出的属性界面中查看和编辑数据库的"常规"、"摘要"、"统计"、"内容"和"自定义"等分类属性。

步骤5 编译数据库。为了保护数据库，需要把其编译成为"只能使用，不能修改"的机器码(*.accde)。方法如下：

1. 打开"学籍管理"数据库。

2. 单击"文件"选项卡→"保存并发布"，如图 5-5 所示。

3. 在图 5-5 中，单击"文件类型"下方的"数据库另存为"；在右侧"数据库另存为"下方，单击"生成 ACCDE"按钮；单击右侧最下方"另存为"按钮。

4. 在弹出的"另存为"界面中，选择编译文件的文件夹和文件类型，使用默认的文件名(本例默认文件名：学籍管理.accde)，或者直接输入文件名，单击"保存"。

实验 2 创建表结构

实验目的

1. 熟练掌握表结构的设计和创建的方法。

2. 熟练掌握表与表之间关联关系的编辑方法。

3. 熟练掌握表的备份方法。

任务描述

1. 根据学生表、课程表和选课表中字段的如下信息，分别建立 3 张表的结构。

(1)学生表的结构

学生，包括学号、姓名、性别、生日、党员、专业、学院、照片、简历。

学号：文本，宽度 8，8 位数字，主键，非空；

姓名：文本，宽度 4，非空；

性别：文本(查询向导型)，宽度 1，只能是男或女；

生日：日期/时间；

党员：是/否；

专业：文本，宽度 6；

学院：文本，宽度 12；

照片：OLE 对象；

简历：备注。

（2）课程表的结构

课程，包括课程号、课程名、学时、学分。

课程号：文本，宽度 4,4 位数字，主键，非空；

课程名：文本，宽度 10，非空；

学时：整型，只能 0 到 90；

学分：整型，只能 0 到 8。

（3）选课表的结构

选课，包括学号、课程号、平时、期中、期末。

学号：同"学生"表中的学号，外键，只能是"学生"表中的学号；

课程号：同"课程"表中的课程号，外键，只能是"课程"表中的课程号；

平时：单精度，1 位小数，只能是 0～100；

期中：单精度，1 位小数，只能是 0～100；

期末：单精度，1 位小数，只能是 0～100。

组合主键，包括学号、课程号。

2. 设置学生表、课程表和选课表的主键（实体完整性）。

3. 设置学生表、课程表和选课表的用户定义完整性。

4. 在学生表和选课表、课程表和选课表之间建立一对多关联关系（参照完整性）。

5. 备份学生表、课程表和选课表到 Ss、Cc 和 Sc。

操作步骤

步骤 1　创建学生表结构（可以使用"设计视图"）。表的"设计视图"包含 3 个部分。上部分是字段输入区，用于输入字段的名称、数据类型和说明信息；下部左侧是字段的参数区，用于设置字段的属性参数；下部右侧是帮助信息区，用于显示当前操作的相关帮助信息。

1. 打开"学籍管理"数据库。

2. 单击"创建"选项卡→"表格"组的"表设计"按钮，如图 5-7 所示。系统自动创建一个默认名称为"表 1"的新表，并使用设计视图打开"表 1"的"空"结构。

3. 在"字段名称"下方的第一行输入"学号"；在"数据类型"的下拉菜单中选择"文本"；在"常规"中的"字段大小"右侧输入"8"，"输入掩码"右侧输入"00000000"，

"必须"右侧选择"是"。

4.在"字段名称"下方的第二行输入"姓名",其他项目同"学号"字段的设置。

5.在"字段名称"下方的第三行输入"性别";在"数据类型"的下拉菜单中选择"查询向导",在如图5-8所示的查询向导界面中选择"自行键入所需的值",单击"下一步";在如图5-9所示的查询向导界面中,"列数"的右侧输入"1",在"第1列"的下方依次输入"男"和"女",单击"下一步";在如图5-10所示的查询向导界面的"请为查阅字段指定标签"的下方输入"性别",单击"完成";在"常规"中的"字段大小"右侧输入"1","默认值"右侧输入"男","有效性规则"右侧输入"'男'Or'女'","有效性文本"右侧输入"性别只能是男或女!"。

6.在"字段名称"下方的第四行输入"生日",在"数据类型"的下拉菜单中选择"日期/时间",在"常规"中的"格式"右侧的下拉菜单中选择"长日期"。

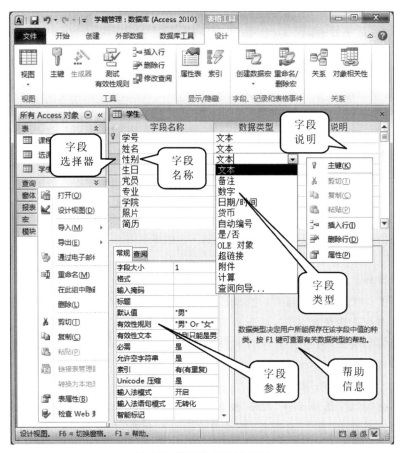

图5-7　表结构的设计视图

7. 在"字段名称"下方的第五行输入"党员"，在"数据类型"的下拉菜单中选择"是/否"，在"常规"中的"格式"右侧的下拉菜单中选择"是/否"。

8. 在"字段名称"下方的第六行输入"专业"，其他项目同"学号"字段的设置。

9. 在"字段名称"下方的第七行输入"学院"，其他项目同"学号"字段的设置。

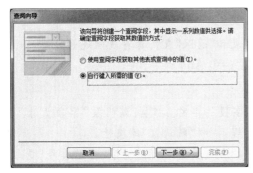

图 5-8　查询向导之一

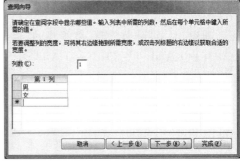

图 5-9　查询向导之二

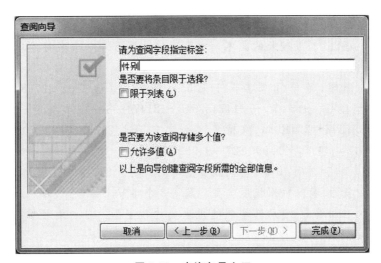

图 5-10　查询向导之三

10. 在"字段名称"下方的第十行输入"照片"，在"数据类型"的下拉菜单中选择"OLE 对象"。

11. 在"字段名称"下方的第十一行输入"简历"，在"数据类型"的下拉菜单中选择"备注"。

12. 单击"快捷访问工具栏"的"保存"按钮，在弹出的"另存为"窗口中输入"学生"，单击"确定"；在如图 5-11 所示的定义主键界面中选择"否"，完成表结构的保存。如果选择"是"，则系统自动添加一个字段名是"ID"的"自动编号"类型的字段。

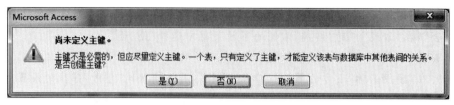

图5-11 定义主键

同理,创建"学籍管理"数据库的"课程"表和"选课"表。其有效性规则如下：
$\geqslant 0$ And $\leqslant 90$；$\geqslant 0$ And $\leqslant 8$；$\geqslant 0$ And $\leqslant 100$。

注意:在设计表结构时,需要确定字段的名称、类型、说明及"字段大小"
"格式""输入掩码""标题""有效性规则"和"默认值"等属性。

(1)字段类型:包括文本、备注、数字、日期/时间、货币、自动编号、是/
否、OLE对象、超链接、附件、计算和查阅向导等。

文本:字符串。最大255个字符。1个汉字和1个英文半角字符均
按1个字符处理。

备注:长度较长的文本。允许存储长达64000个字符的内容。不能
排序/索引。

数字:字节(1个字节,1~255)、整型(2个字节,-32768~32767)、
长整型(4个字节,-2147483648~2147483647)、单精度(4个字节,
-3.4E38~3.4E38)、双精度(4个字节,-1.797E308~1.797E308)、小
数(12个字节,-9.999E27~9.999E27)等。

日期/时间:日期、时间或日期时间。默认8个字节。

货币:特殊的双精度类型。默认8个字节。

自动编号:自动递增或随机生成的数字型。自动编号唯一。默认4
个字节。

是/否:只能取两个值的逻辑数据。可选:是/否,真/假、开/关。默认
1个字节。

OLE对象:"链接"或"嵌入"OLE对象。支持OLE协议的对象。最
大为1GB。

超链接:超链接地址。最大为64000字节。

附件:附加外部文件。最大为2GB。

计算:通过运算得到的数据。默认8个字节。

查阅向导:提供字段内容列表,可以选择列表中的内容作为字段内
容。默认4个字节。

（2）字段大小：定义数据的存储空间。文本字段大小是字符串的长度，数字字段的大小是字节、整型、长整型、单精度型、双精度型和小数的默认长度。

（3）格式：决定数据的输入和显示格式。即文本、备注和超链接类型的格式符号，具体含义如下：

@：不足规定长度，自动前补空格，右对齐。

&：不足规定长度，自动后补空格，左对齐。

<：输入的所有字母全部小写（放在格式开始）。

>：输入的所有字母全部大写（放在格式开始）。

数字型和货币型的格式，可以选择如图 5-12 所示的格式；日期/时间的格式，可以选择如图 5-13 所示的格式；是/否型的格式包括"真/假（True/False）"、"是/否（Yes/No）"和"开/关（On/Off）"。

常规数字	3456.789
货币	¥3,456.79
欧元	€3,456.79
固定	3456.79
标准	3,456.79
百分比	123.00%
科学记数	3.46E+03

常规日期	2007/6/19 17:34:23
长日期	2007年6月19日
中日期	07-06-19
短日期	2007/6/19
长时间	17:34:23
中时间	5:34 下午
短时间	17:34

图 5-12　数字/货币型格式　　　图 5-13　日期/时间型格式

（4）小数位数：对数字和货币型数据有效。支持 0～15 位。

（5）输入掩码：定义数据的输入格式，确保数据具有正确的格式（例如：输入密码时不显示具体内容，只能显示"＊"）。包括向导输入掩码和人工输入掩码。

向导输入掩码：可以根据向导，按照提示确定掩码格式。如图 5-14、5-15 所示。

人工输入掩码：使用系统指定的字符，自行定义的格式。格式字符及其含义如下：

0：必须输入数字（0～9），不允许使用加号（＋）和减号（一）。

9：可以选择输入数字或空格，不允许使用加号和减号。

＃：可以选择输入数字或空格，允许使用加号和减号，空格显示为空白。

L：必须输入字母（A～Z，a～z）。

?：可以选择输入字母（A～Z，a～z）。

A：必须输入字母或数字。

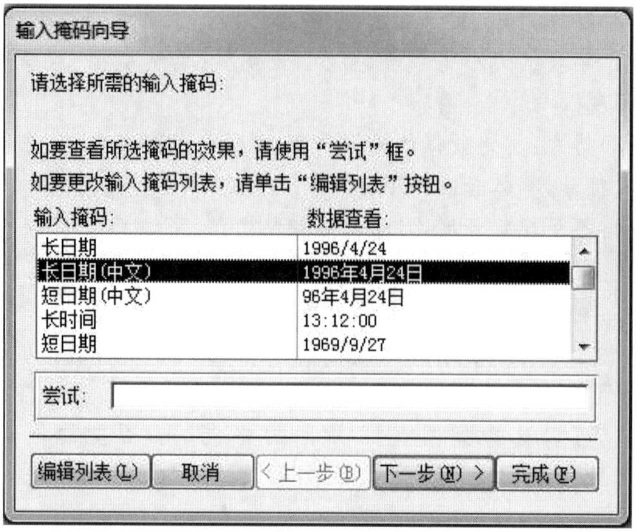

图 5-14　输入掩码向导

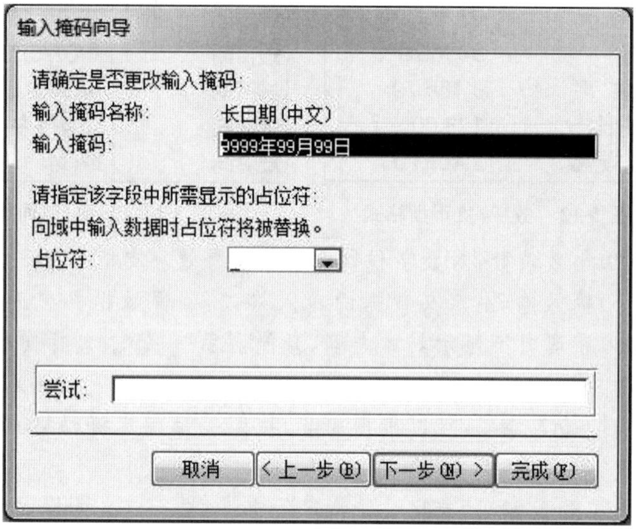

图 5-15　长日期的输入掩码

a：可以选择输入字母或数字。

&：必须输入任意一个字符或空格。

C：可以选择输入任意一个字符或空格。

＜：使其后所有字符转换为小写。

＞：使其后所有字符转换为大写。

!：使输入掩码从右到左显示。

\：使其后的字符显示为原义字符（例如：\A 表示显示 A，而非输入掩码 A）。

．和，：小数点占位符及千分位符号。

：、－和／：日期／时间的分隔符。

密码：输入的字符按照字面字符保存，但显示为星号（＊）。

例如：工号必须输入 6 位数字，则输入掩码为"000000"；店号必须 S 开头后跟 4 位数字，则输入掩码为"C " S " 0000"；时间的时、分、秒均输入 2 位数字，用"时"、"分"、"秒"连接，掩码：99\时 00\分 00\秒；0；_。

（6）标题：在数据表视图中替代字段名称，但不改变表结构中的字段名称。

（7）默认值：新记录中字段的默认值，可以编辑。

（8）有效性规则：输入数据的约束条件。若输入的数据违反了有效性规则，则可以使用"有效性文本"给用户显示提示信息。

例如：性别必须是"男"或"女"，则有效性规则为"" 男 " Or " 女 ""；生日必须在 1990 年 1 月 1 日之前，则有效性规则为"＜ ＝ ♯1/1/1990 ♯"；工资必须在 0 与 2000 之间，则有效性规则为"Between 0 And 2000"。

（9）有效性文本：输入数据违反有效性规则时，向用户显示的提示信息。

例如：性别必须是"男"或"女"，则有效性文本为"性别必须是男或女！"。

（10）必需：字段是否必须有值。若选择"是"，则字段的值不能为空。

（11）允许空字符串：字段是否允许零长度字符串。

（12）索引：设置索引方式。可以选择"无""有（有重复）"或"有（无重复）"。

步骤 2 编辑表结构（可以使用"设计视图"）。

1. 在导航窗格中展开表对象，右击指定的表，在快捷菜单中选择"设计视图"。

2. 添加字段：在"设计视图"中"字段名称"下方的空行处输入字段名称，然后依次输入数据类型和说明，并设置相应的属性。

插入字段：利用"字段选择器"选择指定的字段，单击"表格工具"的"设计"上下文选项卡，单击"工具"组中的"插入行"；或者，右击指定的字段，在快捷菜单中选择"插入行"（如图 5-7）；在新添加的空行处输入字段名称和数据类型，设置相应的属性。

移动字段顺序：利用"字段选择器"选择指定字段，拖动字段到指定位置。

3. 删除字段：在"设计视图"中，利用"字段选择器"选择指定字段，单击"表格工具"中的"设计"上下文选项卡，单击"工具"组中的"删除行"；或者，右击指定字段，在快捷菜单中选择"删除行"（如图 5-7）。

4.编辑字段:在"设计视图"中,利用"字段选择器"选择指定字段,在"字段名称"下方的指定行输入新名称,并依次修改其他相关信息。

步骤3 设置和取消主键(可以使用"设计视图"):

1.打开"学籍管理"数据库。

2.学生表的主键"学号":在"导航窗格"中,右击"学生",单击"设计视图",通过字段选择器,单击"学号"字段;然后单击"表格工具"中"设计"上下文选项卡,单击"工具"组中"主键"按钮。

3.对于课程表,主键的设置方法与学生表类同。

4.选课表的组合主键(学号,课程号):在"导航窗格"中,右击"选课",单击"设计视图",通过字段选择器,拖动选择"学号"和"课程号"两个字段,然后单击"表格工具"中"设计"上下文选项卡,单击"工具"组中"主键"按钮;或者,通过字段选择器单击"学号"字段,按下 Shift 键,再单击"课程号"字段,然后单击"表格工具"中"设计"上下文选项卡,单击"工具"组中"主键"按钮。

取消主键与设置主键的方法类同。

注意:先选中主键,再设置主键。

(1)选中主键:如果是单个字段的主键,则直接使用字段选择器,单击该字段。如果是多个字段的组合主键,对于连续的字段,则先单击第一个字段,然后按住 Shift 键,最后单击最后一个字段(或者直接使用鼠标拖动);对于不连续的字段,则先按住 Ctrl 键,然后依次单击主键的每一个字段。

(2)设置主键:选中主键后,单击"表格工具"中"设计"上下文选项卡,单击"工具"组中"主键"按钮。或者,右击选中字段(注意:对于组合主键,不能松开 Shift 或 Ctrl 键),在快捷菜单中单击"主键"。设置成功,字段左侧出现"钥匙"标记。

(3)取消组合主键,无需按下 Shift 或 Ctrl 键。取消主键成功,钥匙标记消失。

(4)如果表间已经建立了关联关系,则需要先删除相应的关联关系。

步骤4 建立表间关联关系(可以使用"关系"编辑器):

1.打开"学籍管理"数据库。

2.单击"数据库工具"选项卡,在关系组中单击"关系"按钮。如图 5-16 所示。

3.在"关系"编辑器中,单击"关系工具"中的"设计"上下文选项卡,在"关系"组中单击"显示表"按钮,如图 5-17 所示,或者右击空白处,单击快捷菜单中的"显示相关表"。

4.选中"学生""课程"和"选课",单击"添加",如图 5-17 所示。

5. 在"学生"表中,鼠标指向"学号"并按下鼠标,然后拖向"选课"表的学号,则弹出"编辑关系"界面。如图 5-18 所示。

图 5-16　关系编辑器

图 5-17　显示表

图 5-18　编辑关系

6. 在"表/查询"下方的第一个下拉菜单中选择主键表"学生",第二个下拉菜单中选择相应的主键"学号"。

7. 在"相关表/查询"下方的第一个下拉菜单中选择外键表"选课",第二个下拉菜单中选择相应的外键"学号"。

8. 根据需要可以选择勾选"实施参照完整性"、"级联更新相关字段"或者"级联

227

删除相关记录"。本例仅勾选"实施参照完整性"。

9. 单击"联接类型",如图 5-19 所示,选择默认的第 1 种联接方式,单击"确定"。

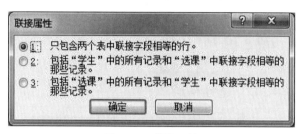

图 5-19　联接属性

10. 在图 5-18 的编辑关系中,单击"确定"。

11. 同理,建立"课程"表与"选课"表之间的一对多关系。如图 5-20 所示。

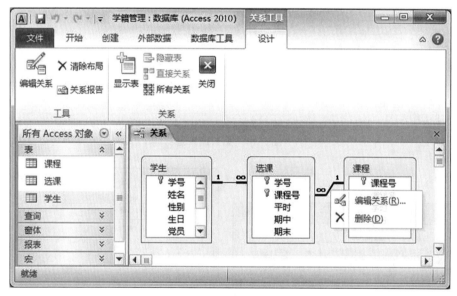

图 5-20　表间关系

注意:

(1)"实施参照完整性""级联更新相关字段"和"级联删除相关记录"确保了数据的完整性约束(实体完整性和参照完整性和用户定义完整性)。

①实施参照完整性:确保"主键表"和"外键表"之间的相关联数据始终正确一致。即外键表中外键的取值必须是主键表中主键的值(参照完整性)。

例如：在"选课"中，学号的取值只能是"学生"中学号的值。若勾选"实施参照完整性"，则在"学生"中不能删除学号为 12090101 的记录，因为在"选课"中存在该学生的选课；若不勾选"实施参照完整性"，则可以删除该记录，但会破坏参照完整性。

②级联更新相关字段：确保"主键表"和"外键表"之间的相关联数据始终正确一致。即：修改外键表中外键的值，则必须修改主键表中主键的值（参照完整性）。

例如：在"选课"中，把取值为 12090101 的学号改为 16161616，若没有勾选"级联更新相关字段"选项，则不允许修改；若勾选"级联更新相关字段"选项，则允许修改，同时会把"学生"中取值为 12090101 的学号自动改为 16161616。

③级联删除相关记录：确保"主键表"和"外键表"之间的相关联数据始终正确一致。即：删除外键表中的记录，则必须在"主键"表中删除相关的记录。

例如：在"学生"中，若删除学号为 12090101 的记录，若没有勾选"级联删除相关记录"，则不允许删除。若勾选"级联删除相关记录"，则允许执行删除，同时把"选课"表学号为 12090101 的记录自动删除。

（2）编辑表间关系包括查看关系、修改关系和删除关系等。

①查看关系：单击"数据库工具"选项卡，在关系组中单击"关系"，查询关系。

②修改关系：双击两表之间的连线（或右击两表之间的连线，单击"编辑关系"），在弹出的"编辑关系"中编辑关系。

③删除关系：右击关系连线，选择"删除"，或者单击表间连线，按 Delete 键。

（3）子表嵌入主表：两表之间一旦建立了关联关系，则在主键表（主表）和外键表（子表）之间自动建立了参照关系，子表会自动嵌入主表。在主表的"数据表视图"中，通过单击"折叠"按钮（—）和"展开"按钮（＋），来折叠或展开子表。

（4）创建表的过程应首先编辑表结构，然后编辑表记录。

步骤 5 **备份学生表到 Ss。**

1. 打开"学籍管理.accdb"，在导航窗格中，展开"表"对象，选中"学生"。

2. 单击"文件"选项卡→"对象另存为"。如图 5-21 所示。

3. 设置新表名"Ss"，单击"确定"。

图 5-21　另存为界面

步骤 6　备份课程表到 Cc。

1.打开"学籍管理.accdb",在导航窗格中,展开"表"对象,选中"课程"。

2.单击"开始"选项卡,在"剪切板组"中,单击"复制"按钮,单击"粘贴"按钮。如图 5-22 所示。

3.在"表名程"下方输入新表名"Cc"(默认名称:原表名+空格+"的副本")。

4.在"粘贴选项"下方,若选"仅结构",则只复制表的结构;若选"结构和数据",则既复制表的结构,又复制表的记录;若选"将数据追加到已有的表",则只复制表的记录到指定表的末尾。单击"确定"。

图 5-22　粘贴表方式

步骤 7　备份选课表到 Sc。

1.打开"学籍管理.accdb",在导航窗格中,展开"表"对象,选中"选课"。

2.右击"选课",如图 5-21 所示,在"快捷菜单"中单击"复制"。

3.重复第 2 步,在"快捷菜单"中单击"粘贴",如图 5-22 所示。后面的操作同步骤 6。

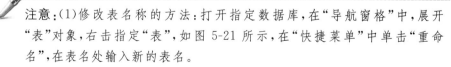

注意:(1)修改表名称的方法:打开指定数据库,在"导航窗格"中,展开"表"对象,右击指定"表",如图 5-21 所示,在"快捷菜单"中单击"重命名",在表名处输入新的表名。

(2)删除无用表的操作:打开指定数据库,在"导航窗格"中,展开"表"

对象,选中指定"表"。按下 Delete 键。或者,单击"开始"选项卡,在"记录"组中,单击"删除"按钮。也可以右击选定表,在"快捷菜单"中单击"删除"按钮。在弹出的确认删除界面中,单击"是"。

(3)在删除表之前,一定要确定是否确定删除。因为删除表之后,数据会全部丢失。如果误删,可用"快捷访问工具栏"中的"恢复"按钮恢复;或者,按下"Ctrl+Z"组合键。

实验 3 表记录的编辑、排序和筛选

实验目的

1. 熟练掌握表记录的添加、修改和删除。
2. 熟练掌握表记录的排序和筛选。
3. 熟练掌握表记录的导入和导出。

任务描述

1. 根据表 5-1、表 5-2 和表 5-3,完成学生表、课程表和选课表的记录编辑。

表 5-1 学生

学 号	姓 名	性 别	生 日	党 员	专 业	学 院	照 片	简 历
12090101	刘军	男	1992/2/16	是	统计	统计学院	图像	自定
12090102	张娟	女	1992/9/6	是	统计	统计学院	图像	自定
12090203	李丽	男	1991/11/9	否	工商	工商学院	图像	自定
12090204	王鑫	女	1992/2/18	是	工商	工商学院	图像	自定
12090301	孙淼	女	1991/6/12	否	信息	信息学院	图像	自定
12090302	赵亮	女	1992/10/2	否	信息	信息学院	图像	自定
12090401	吴明	男	1991/3/22	是	会计	会计学院	图像	自定
12090402	周官	男	1992/2/15	是	会计	会计学院	图像	自定

表 5-2 课程

课程号	课程名	学 时	学 分
0101	高等数学	60	5
0202	概率统计	56	4
0301	软件工程	48	3
0302	图像分析	48	2

表 5-3 选课

学 号	课程号	平 时	期 中	期 末
12090101	0101	96	97	95
12090101	0202	86	86	82
12090101	0301	86	92	87
12090101	0302	76	70	72
12090203	0101	73	71	70
12090203	0202	76	70	70
12090203	0301	86	82	88
12090203	0302	86	82	80
12090204	0101	76	78	73
12090204	0202	65	57	53
12090204	0301	86	83	81
12090204	0302	76	72	79
12090301	0101	76	66	68
12090302	0301	95	93	92
12090401	0101	65	52	51
12090401	0202	65	70	63
12090401	0301	95	89	92
12090402	0101	86	80	84
12090402	0202	95	93	91
12090402	0301	76	69	79
12090402	0302	86	87	85

2.对选课表的期末成绩进行降序排序。

3.在学生表中,对姓李的学生进行多重排序。要求先按"性别"降序,再按"专业"升序,最后按"生日"降序。

4.在学生表中,筛选所有男生。

5.在学生表中,筛选统计专业 1992 年(含该日期)之后出生的男党员。

6.对学生表中,筛选工商专业女生,或者会计学院男党员,并按性别降序排序。

操作步骤

步骤 1 编辑学生表的记录(可以使用"数据表视图")。

1.打开"学籍管理.accdb"数据库。

2.在"导航窗格"中,展开"表"对象,双击"学生"表。

3.在"数据表视图"中的星号(＊)所在行直接输入记录数据。

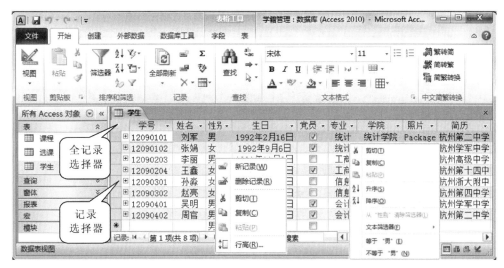

图 5-23 数据表视图

4.在第一行的"学号"下方输入"12090101","姓名"下方输入"刘军","性别"下方选择"男","生日"下方输入"1992 年 2 月 16 日","党员"下方勾选方框,"专业"下方输入"统计","学院"下方输入"统计学院","简历"下方输入"杭州第二中学高三一班班长"。

5.定位光标到当前记录的"OLE 对象"字段处,然后右击,在快捷菜单中选择并单击"插入对象",在图 5-24 中选择"由文件创建",在图 5-25 中单击"浏览",在"浏览"界面中选择需要插入的文件"HappyYou.jpg",单击"打开",单击"确定"。

6.完成 1 条记录输入后,系统会自动添加 1 个新的空记录;或单击"开始"选项卡,在记录组中单击"新建"按钮。依次输入其他记录,结果如图 5-23 所示。

用同样的方法编辑课程表和选课表。

图 5-24　新建 OLE 对象

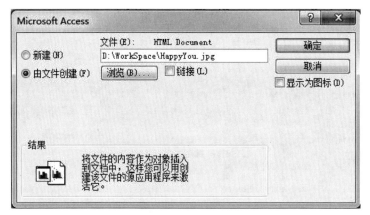

图 5-25　文件创建 OLE 对象

注意:(1)利用剪切和粘贴操作,可以互换表中的两条记录。

(2)对于"OLE 对象",如果在图 5-25 中勾选"链接",则不会嵌入到当前处,仅仅建立链接,如果外部文件发生改变,则表的当前数据会随之改变。如果没有勾选"链接",则外部文件会嵌入到当前处,而且一旦嵌入,就不再与外部文件相关。

(3)修改和删除记录的方法。

修改记录:打开"数据表视图",直接修改已有的数据记录。

删除记录:打开"数据表视图",通过"记录选择器"或"全记录选择器"

选择相应的记录,然后按 Delete 键;或者,单击"开始"选项卡,在"记录"组中单击"删除"按钮;或者,右击当前选中的记录,在"快捷菜单"中选择并单击"删除",如图 5-23 所示。最后在确认删除界面中单击"是"。

若要删除连续多条记录,可以按下 Shift 键;对于不连续记录的删除,则只能分几次进行。

(4)打开表的方法(适用于打开"设计视图")。

方法 1:在导航窗格中,展开"表"对象,直接双击指定的表。

方法 2:在导航窗格中,展开"表"对象,右击指定表,在快捷菜单中单击"打开"。

方法 3:在设计视图中,单击"表格工具"的"设计"上下文选项卡,在"视图"组中单击"数据表视图"。或在"视图"组中单击"视图"下拉菜单,选择"数据表视图"。

方法 4:在设计视图中,右击表结构的标签,在快捷菜单中选择"数据表视图"。

方法 5:在设计视图中,单击状态栏中右边的"数据表视图"按钮。

步骤 2　对选课表的期末成绩进行降序排序(使用"数据表视图")。

1.打开选课表的"数据表视图"。

2.在"数据表视图"中,选中"期末"字段。如图 5-26 所示。

3.单击"开始"选项卡,在"排序与筛选"组中单击"降序"按钮。

图 5-26　期末降序排序

注意：(1)对于单个/多个相邻字段的排序，可以使用上述方法。

(2)在"排序与筛选"组中单击"取消排序"，可以取消当前排序。

步骤3 对学生表中姓李的学生，先按"性别"降序，再按"专业"升序，再按"生日"降序(高级筛选/排序)。

1.打开"学籍管理"数据库。打开"学生"表的"数据表视图"。

2.单击"开始"选项卡，在"排序与筛选"组中单击"高级"下拉菜单，选择并单击"高级筛选/排序"，启动"高级筛选/排序"编辑器，如图5-27所示。

3.在"字段"右侧依次选择"性别""专业""生日"和"姓名"；在"排序"右侧依次选择降序、升序和降序；在"条件"右侧，姓名下方输入"Like "李 * ""。

4.单击"快捷访问工具栏"的"保存"按钮，在弹出的"另存为查询"界面中，输入"姓李性别专业生日高级排序"，单击"确定"。提示：按查询对象处理。

5.单击"开始"选项卡，在"排序与筛选"组中单击"高级"下拉菜单，选择并单击"应用筛选/排序"，查看排序结果。

6.单击"开始"选项卡，在"排序与筛选"组中单击"切换筛选"，切换到"高级排序"编辑器。

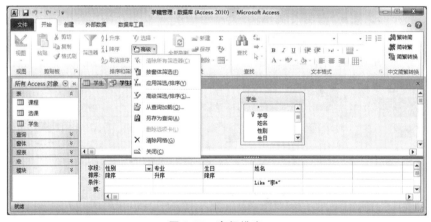

图 5-27　高级排序

注意：(1)"高级/排序"编辑器由两部分组成。上部分用于显示当前表，下部分用于选择排序字段、排序方式和输入排序条件。

(2)相关排序规则：

数字：按照大小排序。

日期/时间：按照先后排序。

英文文本:按照字符的 ACSII 码值的大小排序。

中文文本:按照中文字的汉语拼音字母的 ACSII 码值的大小排序。

(3)多重排序是指先按照第一个字段排序,对第一个字段的值相同的,再按照第二个字段排序。依此类推。

步骤 4 在学生表中,筛选所有的男生(使用"按选定内容筛选")。

1.打开"学籍管理"数据库。打开"学生"表。

2.选中学生表中"性别"字段下的"男",如图 5-28 所示。

图 5-28 选定内容筛选

3.单击"开始"选项卡,在"排序和筛选"组中,单击"选择"下拉菜单中的"等于'男'"。也可以用以下几种办法:

(1)单击"排序和筛选"组中的"筛选器",在"筛选器"中,取消勾选"(全选)",勾选"男",单击"确定"。

(2)在"筛选器"中,指向"文本筛选器",在下级菜单中,单击"等于",然后在"自定义筛选"界面中输入"男",单击"确定"。

(3)右击选中的内容,在快捷菜单中单击"等于'男'"。

(4)在快捷菜单中,指向"文本筛选器",在下级菜单中单击"等于",然后在"自定义筛选"界面中输入"男",单击"确定"。

4.单击"排序和筛选"组中的"切换筛选"按钮,或者在"排序与筛选"组中单击"高级"下拉菜单,选择并单击"应用筛选/排序"查看结果(切换筛选状态)。

5.取消筛选的方法。单击"开始"选项卡,在"排序和筛选"组中,单击"高级"下拉菜单,选择并单击"清除所有筛选器"。

步骤 5 在学生表中,筛选统计专业 1992 年(含该日期)之后出生的男党员(使用"按窗体筛选")。

1.打开"学籍管理"数据库。打开"学生"表。

2.单击"开始"选项卡,在"排序和筛选"组中,单击"高级"下拉菜单中的"按窗体筛选",如图 5-29 所示。

3.在"性别"字段下输入/选择"男",在"生日"下输入"＞＝＃1992-01-01＃6",在"党员"下勾选方框,在"专业"下输入/选择"统计"。

图 5-29 高级筛选

4.单击"开始"选项卡,在"排序和筛选"组中,单击"切换筛选"按钮;或者单击"高级"下拉菜单中的"应用筛选/排序"。查看筛选结果。

5.单击"开始"选项卡,在"排序和筛选"组中,单击"高级"下拉菜单中的"按窗体筛选",返回"窗体筛选器"。

6.单击"快捷访问工具栏"的"保存"按钮,在弹出的"另存为查询"界面中,输入"统计男党员",单击"确定"(提示:按查询对象处理)。

注意:在窗体筛选器中,输入/选择一个/多个筛选条件,可以进行多条件筛选。

步骤 6 在学生表中,筛选工商专业女生,或者会计学院男党员,并按性别降序排序(高级筛选/排序)。

1.打开"学籍管理"数据库。打开"学生"表。

2.单击"开始"选项卡,在"排序和筛选"组中,单击"高级"下拉菜单中的"高级筛选/排序"。启动"高级筛选/排序"编辑器如图 5-27 所示。

3.在"字段"行,依次选择"性别""专业""党员"和"学院"。

4.在"条件"行,"性别"字段下输入"女",在"专业"下输入"工商"。

5.在"或"行,"性别"字段下输入"男",在"党员"下输入"Yes"或"True",在"学院"下输入"会计学院"。如果有多个"或"条件,可以在"或"行的下面各行依次输入。即:同行与,异行或。

6.在"排序"行,"性别"字段下输入/选择"降序"。如图 5-30 所示。

图 5-30 高级筛选/排序

7.单击"开始"选项卡→"排序和筛选"组→"切换筛选"按钮,或者单击"高级"下拉菜单中的"应用筛选/排序"。查看筛选结果。

8.单击"开始"选项卡→"排序和筛选"组→"高级"下拉菜单中的"高级筛选/排序",返回"高级筛选/排序"。

在高级筛选/排序中,可以同时进行多条件/多字段的高级复杂排序/筛选。

注意:表的格式设置、调整行高/列宽、显示/隐藏列和冻结/取消冻结列。

(1)文本格式设置:利用"开始"选项卡的"文本格式"中的下拉菜单和按钮等,控制文本的字体、大小、颜色、项目编号、对齐方式和网格属性等。

(2)调整行高:在"记录选择器"所在列中,拖动记录之间的分割线,可以调整记录行之间的高度。或者,双击记录之间的分割线,调整行高到最佳高度。或者,利用"记录选择器"选定行,右击选定行,在快捷菜单中单击"行高",在"行高"右侧输入自定高度;勾选"标准高度",调整高度到系统默认的标准(最佳)高度。

(3)调整列宽:在字段标题行中,拖动标题之间的分割线,可以调整字段列之间的宽度。或者,双击字段右侧的分割线,调整行高到最佳匹配宽度。或者,选定一列(多列),右击选定列,在快捷菜单中,单击"字段宽度",在"列宽"右侧输入自定高度;勾选"标准宽度"调整宽度到系统默认的标准宽度;单击"最佳匹配",可以调整宽度到最佳宽度。提示:选定并拖动字段列,可以调整字段的显示次序。

(4)显示和隐藏列:右击选定字段,在快捷菜单中单击"隐藏字段";如果选择并单击"取消隐藏字段",则可以取消隐藏,重新显示隐藏的字段。

(5)冻结和取消冻结列:右击选定字段,在快捷菜单中单击"冻结字段";如果选择并单击"取消冻结所有字段",则可以取消冻结的所有字段。

步骤 7 把学生表的数据导出到"学生. xlsx"。

1. 打开"学籍管理"数据库。在"导航窗格"中,展开"表"对象,选中"学生"表,单击"外部数据"选项卡,在"导出"组中,单击"Excel"按钮;

或者,右击"学生"表,在"快捷菜单"中,指向"导出",单击下级菜单的"Excel"。

2. "导出"界面中,如图 5-31 所示,在"文件名"右侧输入"D:\WorkSpace\学生. xlsx",单击"确定"。

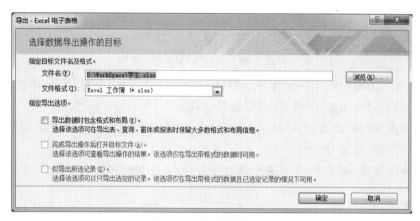

图 5-31 导出步骤之一

3. 在弹出的导出成功界面中,单击"关闭"。

步骤 8 把学生表的数据导出到"学生. txt"。

1. 打开"学籍管理"数据库。在"导航窗格"中,展开"表"对象,选中"学生"表,单击"外部数据"选项卡,在"导出"组中,单击"文本文件"按钮。

或者,右击学生表,在快捷菜单中指向"导出",单击下级菜单中"文本文件"。

2. "导出"界面中,如图 5-32 所示,在"文件名"右侧输入"D:\WorkSpace\学生. txt",单击"确定"。启动"导出文本向导"之一,如图 5-33 所示。

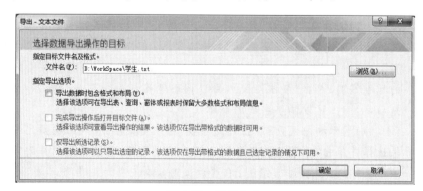

图 5-32 导出文本

3. 在"导出文本向导"之一中,选中"带分隔符",单击"下一步"。

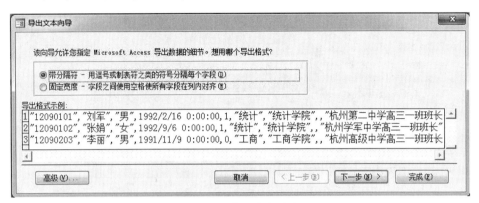

图 5-33　导出文本向导之一

4. 在"导出文本向导"之二中(如图 5-34 所示),选中"逗号",勾选"第一行包含字段名称","文本识别符"选择""",单击"下一步"。

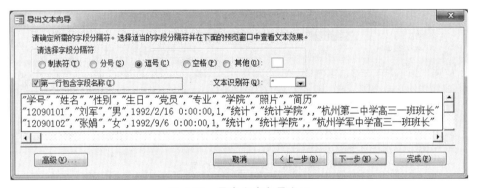

图 5-34　导出文本向导之二

6. 在导出到文件界面中,单击"完成"→"关闭"。

步骤 9　把"选课.xlsx"的数据导入到"学籍管理"数据库的"选课 In"。

1. 打开"学籍管理"数据库。单击"外部数据"选项卡,在"导入并链接"组中,单击"Excel"按钮,如图 5-35 所示。或者,在"导航窗格"中,展开"表"对象,右击任意表,在"快捷菜单"中指向"导入",单击下级菜单中"Excel"。

2. 单击"浏览"按钮,选择 D 盘 WorkSpace 中的"选课.xlsx",单击"打开";选择"将源数据导入当前数据库的新表中",单击"确定",启动向导之一如图 5-36 所示。

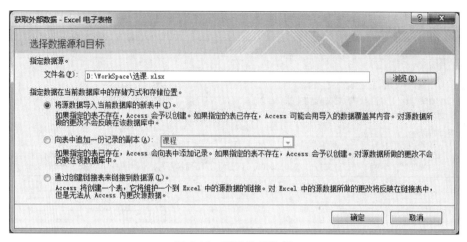

图 5-35　获取外部数据

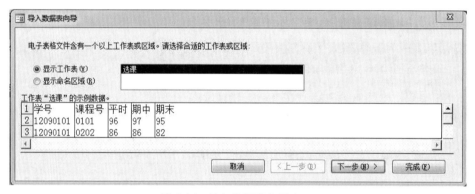

图 5-36　导入数据表向导之一

3.选中"选课"表,单击"下一步"。启动向导之二如图 5-37 所示。

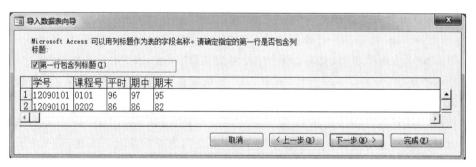

图 5-37　导入数据表向导之二

4.勾选"第一行包含列标题",单击"下一步",启动向导之三如图 5-38 所示。

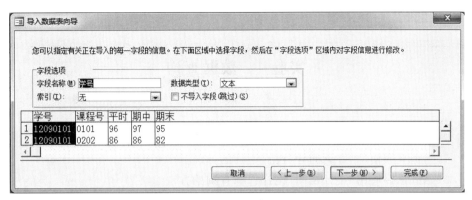

图 5-38　导入数据表向导之三

5.通过"字段选项"下方的各个选项,设置字段的名称、类型和索引等参数。单击"下一步"。向导之四如图 5-39 所示。

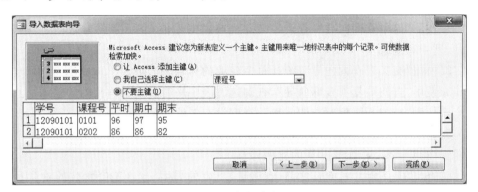

图 5-39　导入数据表向导之四

6.选择"不要主键",单击"下一步"。向导之五如图 5-40 所示。

7.在"导入到表"的下方输入"选课 In",单击"完成"→"关闭"。

图 5-40　导入数据表向导之五

步骤 10　把"课程.txt"的数据导入到"学籍管理"数据库的"课程 In"。可参考导入"选课.xlsx"和导出"学生.txt"的方法。

实验 4 数据查询

实验目的

1. 熟练掌握使用"查询向导"设计查询的方法。

2. 熟练掌握使用"设计视图"设计选择查询的方法。

3. 熟练掌握"参数查询"和"交叉表查询"的设计方法。

4. 熟练掌握操作查询(生成表/追加/更新/删除查询)的设计方法。

任务描述

1. 使用"简单查询向导",查询每门课程成绩的均值,显示字段为课程名、学分、平时、期中和期末。

2. 使用"交叉表查询向导",统计每个专业的男女生人数。

3. 使用"查找重复项查询向导",查询选课表中平时和期中均相同的选课信息。

4. 使用"查找不匹配项查询向导",查询没有选课的学生。

5. 查询学生的学号和姓名及其选课的课程名和总分。其中总分为平时、期中和期末按照 10%、30% 和 60% 的比例计算。

6. 查询 1991 年 6 月 6 日之前(含该日)出生的男生,或者工商学院的女党员的学号、姓名、性别、生日和学院。

7. 统计男女生人数的步骤:要求男女人数的显示标题为"人数"。

8. 统计每门课程总分的最低分、最高分和平均分,按平均分降序排序,取前 3 名,要求平均分的小数位数固定为 1;显示标题为课程名、最低分、最高分和平均分。

9. 查询生日在"输入开始日期"和"输入结束日期"两个参数之间,且总分不低于参数"输入最低总分"的学生的学号、姓名和总分。

10. 交叉查询每个学生每门课程的总分,行标题为"学号"和"姓名",列标题为"课程名"。

11. 查询女生的学号、姓名、课程名和总分,并把查询结果保存到一张名为"女生总分"的表中。

12. 把会计学院男生的学号、姓名、课程名和总分,追加到"女生总分"表。

13. 在"女生总分"表中,把概率统计总分小于 60 分的学生,总分提高 20%。

14. 在"女生总分"表中,删除总分不到 90 分的非英语非高等数学的记录。

操作步骤

步骤 1 查询选课成绩。

1. 打开"学籍管理"数据库。

2. 单击"创建"选项卡,单击"查询"组中的"查询向导"按钮,如图 5-41 所示。

3. 选中"简单查询向导",单击"确定"。

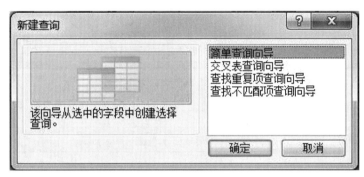

图 5-41 新建查询

4. 在"表/查询"下方的下拉列表中,依次选择"学生"、"课程"和"选课",把"可用字段"下方列表框中的姓名、课程名、平时、期中和期末,依次移到"选定字段"下方的列表框中。如图 5-42 所示。

图 5-42 简单查询向导之一

5.选中汇总,单击"汇总选项"。如图5-43所示。若无需汇总,可跳过该步骤。

图5-43　简单查询向导之二

6.如图5-44,选中"平均",单击"确定",返回图5-43。单击"下一步"。

图5-44　汇总选项

7.在图5-45中,在"请为查询指定标题"下方的文本框中,输入"课程成绩均值",单击"完成"。

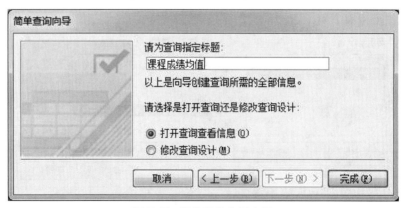

图5-45　简单查询向导之三

步骤 2 统计每个专业的男女生人数。

1.打开"学籍管理"数据库。

2.在"导航窗格"中,展开"表"对象,选中"学生"表。

3.单击"创建"选项卡,单击查询组中的"查询向导"按钮。如图 5-41 所示。

4.选中"交叉表查询向导",单击"确定"。

5.在列表框中,选中"学生",单击"下一步"。如图 5-46 所示。

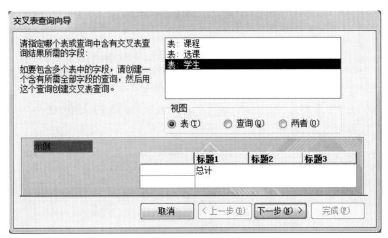

图 5-46 交叉表查询向导之一

6.把可用字段下的"专业"移到选定字段下,单击"下一步"。如图 5-47 所示。

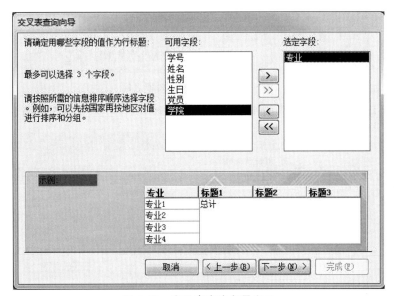

图 5-47 交叉表查询向导之二

7. 在列表中,选中"性别",单击"下一步"。如图 5-48 所示。

图 5-48　交叉表查询向导之三

8. 在"字段"下方列表中,选中"学号";在"函数"下方列表中,选中"Count"。单击"下一步",如图 5-49 所示。

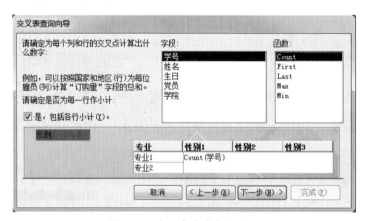

图 5-49　交叉表查询向导之四

9. 在"请指定查询的名称"下方,输入"专业男女人数",单击"完成",如图 5-50 所示。

图 5-50　交叉表查询向导之五

注意：如果交叉表查询涉及多张表，则先把交叉查询所涉及的字段，建立一个查询（即：包含交叉查询所涉及的所有字段），然后再对查询进行交叉查询。

步骤3 查询选课表中平时和期中成绩均相同的选课信息。

1.打开"学籍管理"数据库。

2.在图 5-41 中选中"查找重复项查询向导"，单击"确定"。

3.在列表中，选中"选课"，单击"下一步"，如图 5-51 所示。

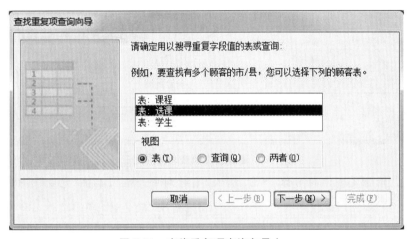

图 5-51 查找重复项查询向导之一

4.把"可用字段"下方列表中的"平时"和"期中"，移到"重复值字段"下方的列表中，单击"下一步"，如图 5-52 所示。

图 5-52 查找重复项查询向导之二

5.如果需要显示"重复值字段"以外的字段,则把"可用字段"下方的相应字段,移到"另外的查询字段"下方;否则,可以不选,如图5-53所示,单击"下一步"。

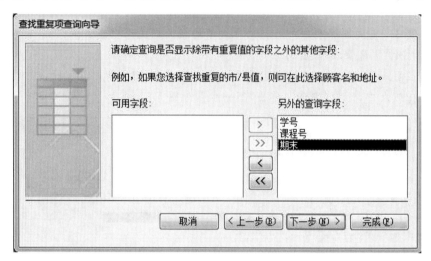

图 5-53　查找重复项查询向导之三

6.在"请指定查询的名称"下方,输入"平时期中等值",单击"完成"。如图5-54所示。

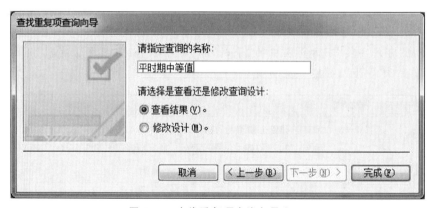

图 5-54　查找重复项查询向导之四

步骤4　查询没有选课的学生。

1.打开"学籍管理"数据库。

2.在图5-41中选中"查找不匹配项查询向导",单击"确定"。

3.在列表中,选中"表:学生",单击"下一步"。如图5-55所示。

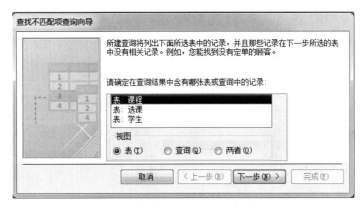

图 5-55　查找不匹配项查询向导之一

4. 在列表中，选中"表：选课"，单击"下一步"。如图 5-56 所示。

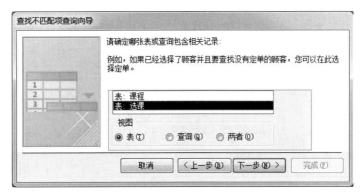

图 5-56　查找不匹配项查询向导之二

5. 在"学生"中的字段下方选中学号；在"选课"中的字段下方选中学号，单击"下一步"。如图 5-57 所示。

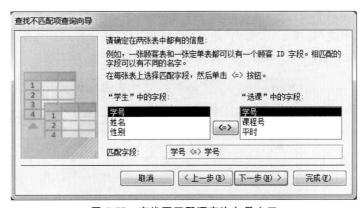

图 5-57　查找不匹配项查询向导之三

6. 把"可用字段"下方的学号、姓名、性别和专业,移到"选定字段"下方,单击"下一步"。如图 5-58 所示。

图 5-58 查找不匹配项查询向导之四

7. 在"请指定查询名称"下方,输入"没有选课学生",单击"完成"。如图 5-59 所示。

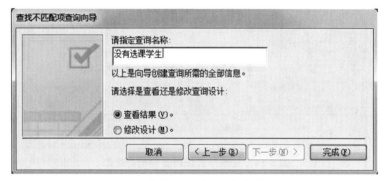

图 5-59 查找不匹配项查询向导之五

步骤 5 查询学生的学号、姓名及其选课的课程名和总分。

1. 打开"学籍管理"数据库。

2. 单击"创建"选项卡→"查询"组中的"查询设计"按钮。

3. 选中 3 张表,单击"添加"后,点击"关闭"。如图 5-60 所示。

图 5-60 显示表

4.在"设计网格"中,在"表"行,依次选择"学生""学生"和"课程";在"字段"行,依次选择/输入"学号""姓名""课程名"和"总分:0.1∗[平时]＋0.3∗[期中]＋0.6∗[期末]"。

5.单击"快捷访问工具栏"中的"保存"按钮,在"另存为"界面中输入查询的名称"学生选课总分"。设计结果如图 5-61 所示。

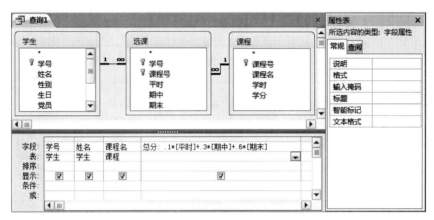

图 5-61　查询的"设计视图"

6.单击"查询工具"的"设计"上下文选项卡,单击"结果"组中的"运行"按钮,查看运行结果。

注意:查询表的全部信息,需在设计网格的字段行,使用"表名.∗"。

步骤 6　查询 1991 年 6 月 6 日之前(含该日)出生的男生,或者工商学院的女党员的学号、姓名、性别、生日和学院。

1.打开"学籍管理"数据库。

2.打开查询的"设计视图",添加"学生"表;"设计网格"如图 5-62 所示。

3.把查询保存为"1991 男生工商女党员"。

图 5-62　步骤 6 的查询条件设置

假如创建"信息总汇"查询,包含3张表的所有字段和总分(同前述)。则"信息总汇"查询的设计结果如图 5-63 所示。

图 5-63　信息总汇

步骤 7　统计男女生人数。

1.打开"学籍管理"数据库→查询的"设计视图",添加"学生"表。

2.单击查询工具的"设计"选项卡,单击"显示/隐藏"组的"汇总"按钮。

3.设计查询的"设计网格",如图 5-64 所示。

4.把查询保存为"男女生人数"。

图 5-64　统计男女生人数

注意:在查询的"设计视图"下,单击"查询工具"的"设计"上下文标签,单击"显示/隐藏"组的"汇总"按钮。这时,在"设计网格"中,增加一个"总计"行,通过选择其"下拉菜单"的不同选项,可以实现不同的统计运算。

步骤 8　统计每门课程成绩的最低分、最高分和平均分。

1.打开"学籍管理"数据库→查询的"设计视图",添加"学生选课总分"查询。

2.单击"查询工具"的"设计"上下文标签,单击"显示/隐藏"组的"汇总"按钮;单击"属性表"按钮。设计查询的"设计网格"如图 5-65 所示。

3.单击最右边的"总分"字段列,在属性表的"格式"右侧的下拉菜单中选择"固定";"小数位数"右侧的下拉菜单中选择"1";"标题"右侧输入"平均分"。

4.在"查询设置"组中,在"返回"右侧的组合框中输入 3。

5.把查询保存为"课程总分最低最高平均降序前 3 名"。

步骤 9　利用"输入开始/结束日期"和"输入最低总分"进行参数查询。

图 5-65　课程总分最低、最高以及平均分的降序前 3 名

1. 打开"学籍管理"数据库。

2. 打开查询的"设计视图",添加"学生"表和"学生选课总分"查询。

3. 设计查询的"设计网格",如图 5-66 所示。

4. 把查询保存为"参数开始结束日期最低总分"。

图 5-66　开始/结束日期和最低总分查询

5. 单击"结果"组的"运行",在图 5-67 中的最低总分界面中输入"66",单击"确定"。在图 5-68 中的开始日期界面中,输入"1991-6-6",单击"确定"。在图 5-69 中的结束日期界面中,输入"1992-6-6",单击"确定"。

图 5-67　最低总分　　　图 5-68　开始日期　　　图 5-69　结束日期

255

注意：定义参数的方法是在参数的两边添加中括号"[]"。

步骤 10 交叉查询每个学生每门课程的总分。

1.打开"学籍管理"数据库→查询的"设计视图"，添加"学生选课总分"查询。

2.单击"查询工具"的"设计"上下文选项卡→"查询类型"组的"交叉表"按钮；设计查询的"设计网格"，如图 5-70 所示。

3.把查询保存为"学号姓名课程名交叉总分"。

字段	学号	姓名	课程名	总分
表	学生选课总分	学生选课总分	学生选课总分	学生选课总分
总计	Group By	Group By	Group By	First
交叉表	行标题	行标题	列标题	值
排序				
条件				
或				

图 5-70　学生每门课程总分

步骤 11 按照学号、姓名、课程名和总分，生成"女生总分"表。

1.打开"学籍管理"数据库→设计视图，添加"学生""课程"和"选课"表。

2.设计查询的"设计网格"，如图 5-71 所示。

字段	学号	姓名	课程名	总分: .1*[平时]+.3*[期中]+.6*[期末]	性别
表	学生	学生	课程		学生
排序					
显示	☑	☑	☑	☑	☐
条件					"女"
或					

图 5-71　女生总分

3.单击"查询工具"的"设计"上下文选项卡→"查询类型"组的"生成表"，如图 5-72 所示；选择"当前数据库"，在"表名称"右侧输入"女生总分"，单击"确定"。如果选择"另一数据库"，则需要进一步选择另一数据库，用于存放生成表。

图 5-72　生成表

4. 把查询保存为"女生总分生成表"。

5. 单击"结果"组中的"运行"按钮,在确认粘贴窗口中单击"是"。

注意:生成表查询只有在运行之后,才能真正生成一个新表。

步骤 12 把会计学院男生的学号、姓名、课程名和总分,追加到"女生总分"表中。

1. 打开"学籍管理"数据库→设计视图,添加"学生""课程"和"选课"表。

2. 设计查询的"设计网格",如图 5-73 所示。

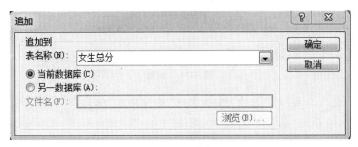

字段	学号	姓名	课程名	总分: .1*[平时]+.3*[期中]+.6*[期末]	性别	学院
表	学生	学生	课程		学生	学生
排序						
追加到	学号	姓名	课程名	总分		
条件					"男"	"会计学院"
或						

图 5-73　会计学院男生

3. 单击"查询工具"的"设计"选项卡→"查询类型"组的"追加"按钮,如图 5-74 所示;选择"当前数据库",在"表名称"右侧输入"女生总分"。如果选择"另一数据库",则需要进一步选择另一数据库。

图 5-74　追加

4. 把查询保存为"会计男生总分追加"。

5. 单击"结果"组中的"运行"按钮,在确认追加窗口中单击"是"。

注意:追加查询只有在运行之后,才能真正追加相应记录。且只能运行一次。

步骤 13 在"女生总分"表中,把概率统计总分小于 60 分的学生,总分提高 20%。

1. 打开学籍管理数据库→查询的"设计视图",添加"女生总分"表。

2. 设计查询的"设计网格",如图 5-75 所示。

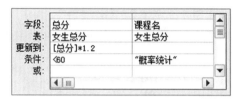

图 5-75　更新

3. 单击"查询工具"的"设计"上下文标签→"查询类型"组的"更新"按钮;在"更新到"行的"总分"下方,输入"[总分]＊1.2"。设计结果如图 5-75 所示。

4. 把查询保存为"概率统计 60 更新 20"。

5. 单击"结果"组中的"运行"按钮,在确认更新窗口中单击"是"。

注意:更新查询只有在运行之后,才能真正更新相应的表。且只能运行一次。

步骤 14　在"女生总分"表中,删除总分不到 90 分的非英语、非高等数学的记录。

1. 打开"学籍管理"数据库→查询的"设计视图",添加"女生总分"表。

2. 设计查询的"设计网格"如图 5-76 所示。

图 5-76　删除

3. 单击"查询工具"的"设计"选项卡→"查询类型"组的"删除"。

4. 把查询保存为"非英语高数 90 删除"。

5. 单击"结果"组中的"运行"按钮,在确认删除窗口中单击"是"。

注意:

(1)对于删除查询,只有在运行查询之后,才能真正删除相应记录。

(2)表达式是使用运算符,把常量、字段和函数等,按照一定的规则,连接起来的有意义的任意组合。表达式可以直接输入,也可以使用"表达式生成器"编辑。

①运算符包括:

算术运算符:加(＋)、减(－)、乘(＊)、除(/)、整除(\)、乘方(^)、文本串连接(&)、圆括号(())、方括号([])、圆点(.)和求余(Mod)。

关系运算符:等于=、不等于<>、大于>、大于等于>=、小于<、小于等于<=、在 A 和 B 之间(含端点)(Between A And B;>=A And <=B)、在 A、B、C 之中(In(A,B,C))、模糊匹配 Like、空值(Is Null)和非空(Is Not Null)。

逻辑运算符:非(Not)、与(And)、或(Or)和异或(Xor)。

②常量是不会发生变化的数据,包括文本/数值/逻辑/日期时间常量等。

文本常量:用双引号括起来的一串字符。例如:"Access 2010"。

数值常量:由数字、小数点和正负号组成的进行算术运算的数据。例如:−16.6。

逻辑常量:表示只取真和假的判断结果。即:True/Yes/On 和 False/No/Off。

日期时间常量:使用井号括起来的日期时间格式的字符串。例如:♯2012-6-6♯。

(3)引用字段需要给字段加上中括号。如果字段是多表的公共字段,则需要给出字段与表的隶属关系,且用叹号/圆点连接。即:[字段];[表]![字段];[表].[字段]。

(4)查询的设计视图包括如下内容:

①启动:打开数据库,单击"创建"选项卡→"查询"组的"查询设计"。

②数据源(表/查询)的显示与隐藏。

显示表:在"设计视图"环境下,单击"查询工具"的"设计"上下文选项卡→"查询设置"组中的"显示表"按钮,在列表框中选中需要添加的表,单击"添加"。或者,在表和字段显示区,右击空白处,在弹出的"快捷菜单"中,指向并单击"显示表"。

隐藏表:在表和字段显示区,选中指定表,按下 Delete 键;或者,右击指定表,在弹出的"快捷菜单"中指向并单击"删除表"。

③"设计网格"。

字段:设置查询所使用的字段。

表:字段所隶属的表。

排序:查询结果是否按照当前字段排序(升序/降序)。

显示:当前字段是否在查询结果中显示。

条件:设置查询条件。写在同行上的多个条件是"与"关系。

或:设置多个"或"的查询条件。写在异行上的多个条件是"或"关系。

④"属性表"的显示与隐藏。在"设计视图"下,单击"查询工具"的"设计"上下文选项卡,单击"显示/隐藏"组中的"属性表"按钮,在"属性表"的

"常规"标签中,设置相应的参数。再次单击可以隐藏(或者单击"关闭"按钮)。或者,在表和字段显示区,右击空白处,在弹出的"快捷菜单"中,指向并单击"属性表"。

⑤"结果"组:

"设计视图/数据表视图":切换"设计视图"和"数据表视图"。

"视图":切换设计视图、数据表视图、SQL视图、数据透视表和数据透视图表。

"运行":运行查询。

⑥"查询类型"组:

"选择":建立"选择"查询。通过查询查找数据。

"生成表":建立"生成表"查询。通过查询建立新表。

"追加":建立"追加"查询。通过查询添加纪录。

"更新":建立"更新"查询。通过查询更新记录。

"交叉表":建立"交叉表"查询。通过查询进行行列重组。

"删除":建立"删除"查询。通过查询删除记录。

"联合":建立"联合"查询。通过查询实现并集。

"传递":建立"传递"查询。通过查询传递并执行相应命令。

"数据定义":建立"数据定义"查询。通过查询建立表结构。

⑦"查询设置"组:

"显示表":添加和删除查询的数据源(表/查询)。

"插入行":在"设计网格"中,插入条件行。

"删除行":在"设计网格"中,删除条件行。

"插入列":在"设计网格"中,插入字段列。

"删除列":在"设计网格"中,删除字段列。

"生成器":生成查询的条件表达式。利用"表达式生成器",不但可以方便、快捷地生成复杂的表达式,而且可以查看常量/字段/函数/运算符的用法等。

"返回":输入(或从右侧下拉菜单中选择)查询结果显示的前n条记录。

⑧"显示/隐藏"组:

"汇总":显示或者隐藏"设计网格"中的"总计"行。进行计数、和值、均值、最大值和最小值等统计运算。

"参数":设置"参数查询"中,参数的顺序和类型等。

"属性表":设置查询的字段属性和整个查询"虚表"的属性。

"表名称":显示或者隐藏"设计网格"中的"表"行。

实验练习题

练习 1

1. 启动和退出 Access 2010。

2. 在 D 盘建立名为"MyWork"的文件夹,并将其设置为默认的工作空间。

3. 建立名为"商品销售.accdb"的空数据库。

4. 对数据库"商品销售.accdb"进行加密,密码设为 999。

5. 对数据库"商品销售.accdb"进行压缩和修复。

6. 把数据库"商品销售.accdb"的属性设置为:标题是商品销售管理系统,主题是商品销售,作者是自己的姓名,单位是熊猫软件公司。

7. 给数据库"商品销售.accdb"建立默认备份数据库。

8. 把数据库"商品销售.accdb",编译成为可执行的同名数据库。

9. 利用样本模板建立"罗斯文.accdb"数据库,运行和分析相关对象。

10. 对加密数据库"商品销售.accdb"进行解密。

练习 2

1. 打开"商品销售"数据库。

2. 建立职工、商品、商店、销售、销售明细和厂商 6 张表的结构。

(1) 职工表的结构:职工,包括工号、店号、姓名、性别、生日、婚否、部门、工资、电话、照片、简历。

工号:文本型,6 位,主键,非空,E 开头后跟数字。

 提示:Left([工号],1)="E"。

店号:同"商店"表的"店号",外键。

姓名:文本型,4 位,非空。

性别:查询向导,1 位,非空,取值={男,女}。

生日:长日期。

婚否:是/否。

部门:文本型,10 位。

工资:数字,整型。

电话:文本型,12位,数字组成。

照片:OLE对象。

简历:备注。

(2)商品表的结构:商品,包括品号、品名、订购单价、销售单价、订购数量、厂商编号。

品号:文本型,10位,主键,非空,P开头后跟数字。

 提示:Left([品号],1)="P"。

品名:文本型,20位,非空。

订购单价:数字型,单精度(2位小数)。

销售单价:数字型,单精度(2位小数)。

订购数量:数字型,整型,必须大于0。

厂商编号:同"厂商"表的"厂号",外键。

(3)商店表的结构:商店,包括店号、店名、店址、电话、邮箱。

店号:文本型,6位,主键,非空,S开头后跟数字。

 提示:Left([店号],1)="S"。

店名:文本型,20位,非空。

店址:文本型,20位,非空。

电话:文本型,12位,数字组成。

邮箱:文本型,20位。

(4)销售表的结构:销售,包括单号、工号、销售日期。

单号:数字型,长整型,主键。

工号:同"职工"表的"工号",外键。

销售日期:长日期。

(5)销售明细表的结构:销售明细,包括单号、品号、销售数量。

单号:同"销售"表的"单号",外键。

品号:同"商品"表的"品号",外键。

销售数量:整型;必须大于0。

组合主键:(单号,品号)。

(6)厂商表的结构:厂商,包括厂号、厂名、厂址、电话、网址。

厂号:文本型,10位,主键,非空,S开头后跟数字。

提示：Left([店号],1)＝"M"。

厂名：文本型，10 位，非空。

厂址：文本型，20 位，非空。

电话：文本型，12 位，数字组成。

网址：超链接。

3.设置 6 张表的主键。

4.设置 6 张表的用户定义约束。

5.在 6 张表之间建立相应的关联关系，如图 5-77 所示。

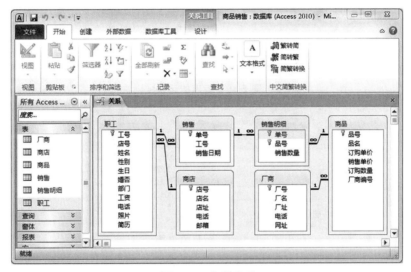

图 5-77　表间关系

6.备份 6 张表到 Zg、Sp、Sd、Xs、Sxmx 和 Cs。

练习 3

1.按照图 5-78 至图 5-83，编辑职工、商品、商店、销售、销售明细和厂商等表。

图 5-78　职工的记录

图 5-79　商品的记录

图 5-80　商店的记录

图 5-81　销售的记录

图 5-82　销售明细的记录

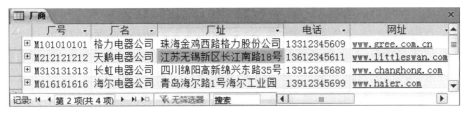

图 5-83　产商的记录

2. 建立 6 张表的备份表，名称为原名后跟"备份"。例如：职工备份。

3. 在 6 张备份表的"数据表视图"中，分别添加 2 条记录，具体内容自定。

4. 在 6 张备份表中，删除"空调"及其相关记录。

5. 对"商品备份"表，按照订购单价降序排序。

6. 对"职工备份"表，先按性别降序排序，再按工资升序排序。

7. 在"销售备份"表中，按内容筛选工号为"E20102"的记录。

8. 在"职工备份"表中，按窗体筛选工资大于 5500 元的销售部的女职工。

9. 在"商品备份"表中，使用"高级筛选/排序"筛选厂商编号为"M616161616"的厂商生产的订购数量不低于 35 的产品，并按照订购价格降序排序。

10. 通过字体和字号等文本格式，把"商品备份"表设置成为自己喜欢的格式。

11. 在"职工备份"表中，冻结"姓名"和"工资"字段。

12. 在"商品备份"表中，隐藏"厂商编号"字段。

13. 把职工、商品和商店表导出到同名的 Excel 文档（.xlsx）。

14. 把销售、销售明细和厂商导出到同名的文本文档（.txt）。

15. 把职工.xlsx、商品.xlsx 和商店.xlsx 导入到职工 In、商品 In 和商店 In。

16. 把销售.txt、销售明细.txt 和厂商.txt 导入到"销售 In"、"销售明细 In"和"厂商 In"。

练习 4

1. 使用"简单查询向导"，查询每个职工销售商品的信息，显示字段为姓名、店名、品名、销售数量、销售日期和厂名。

2. 查询未婚女职工的姓名、生日、工资和电话。

3. 查询订购单价不低于 5000 元的不同产品的订货数量，显示字段是品号、品名、订购单价、订购数量和厂名。

4. 查询每个产品的销售数量和销售金额，显示标题为品名、数量和金额。

5. 查询所有职工的详细销售信息，显示字段包括工号、姓名、性别、单号、销售日期、品号、品名、订购单价和销售数量。

6. 统计不同部门的职工人数，显示字段的标题为"部门"和"人数"。

7. 查询每个产品的库存数量，显示字段的标题为品号、品名、库存数量。

8. 创建参数查询：通过交互输入品号，查询商品信息。

9. 查询每个职工的销售明细。要求以"工号"、"姓名"和"性别"为行标题，以"品名"为列标题，对"销售数量"进行求和。

10. 把海尔和格力供应商品的品名、订购单价、销售单价和订购数量生成"HG"表。

11. 把长虹供应商品的品名、订购单价、销售单价和订购数量追加到"HG"表。

12. 对"HG"表，把销售单价提高 10%。

13. 对"HG"表，删除"计算机"产品。

参 考 文 献

[1] 杨继萍,钟清琦,孙岩,等.Windows 7 中文版从新手到高手[M].北京:清华大学出版社,2011.

[2] 潘玉亮.Windows 7 使用详解[M].北京:化学工业出版社,2010.

[3] 前沿文化.Windows 7 完全学习手册[M].北京:科学出版社,2011.

[4] 黄芳,郭燕.Office 2010 办公应用案例教程[M].北京:航空工业出版社,2012.

[5] 覃伟赋.Office 2010 高效办公案例教程[M].镇江:江苏大学出版社,2014.

[6] 赖利君.Office 2010 办公软件案例教程[M].北京:人民邮电出版社,2014.

[7] 孙甲霞,王玉芬.Access 数据库案例教程[M].北京:清华大学出版社,2012.

[8] 李雁翎.数据库技术(Access)经典实验案例集[M].北京:高等教育出版社,2012.

[9] 孙宝林,崔洪芳.Access 数据库应用技术[M].北京:清华大学出版社,2010.

[10] 陈恭和.Access 数据库基础[M].杭州:浙江大学出版社,2008.

[11] 韩培友.数据库技术[M].西安:西北工业大学出版社,2008.

[12] 聂玉峰.Access 数据库技术及应用[M].北京:科学出版社,2011.

[13] 韩培友.Access 数据库应用[M].杭州:浙江工商大学出版社,2014.